高压直流输电
运行维护智能化技术

GAOYA ZHILIU SHUDIAN
YUNXING WEIHU ZHINENGHUA JISHU

张海凤　主编

中国电力出版社
CHINA ELECTRIC POWER PRESS

内 容 提 要

本书针对换流站主设备运行维护工作中存在的问题，结合换流站运维工作实践经验，梳理换流站主设备状态监测关键参数，提出关键设备状态评价智能分析方法，并提供相应应用案例和运维策略。利用数据来优化管理，对于指导换流站运维监测业务深入开展、提升运维管理水平，具有较好的参考价值。

本书共4章，分别为高压直流输电系统概述、换流站设备智能运维关键技术、高压直流输电运维管理实践和换流站智能运维工作展望。

本书可为从事换流站直流主设备运行、检修、试验、研究、培训及管理工作的相关人员提供参考。

图书在版编目（CIP）数据

高压直流输电运行维护智能化技术 / 张海凤主编. —北京：中国电力出版社，2021.10
ISBN 978-7-5198-5999-2

Ⅰ. ①高… Ⅱ. ①张… Ⅲ. ①高压输电线路–直流输电线路–研究 Ⅳ. ①TM726.1

中国版本图书馆 CIP 数据核字（2021）第 187638 号

出版发行：中国电力出版社
地　　址：北京市东城区北京站西街 19 号（邮政编码 100005）
网　　址：http://www.cepp.sgcc.com.cn
责任编辑：赵　杨（010-63412287）
责任校对：黄　蓓　马　宁
装帧设计：赵丽媛
责任印制：石　雷

印　　刷：三河市万龙印装有限公司
版　　次：2021 年 10 月第一版
印　　次：2021 年 10 月北京第一次印刷
开　　本：710 毫米×1000 毫米　16 开本
印　　张：8
字　　数：125 千字
定　　价：48.00 元

《高压直流输电运行维护智能化技术》
编 委 会

主　编　张海凤

副主编　罗　炜　董言乐

参　编　廖　毅　蒋峰伟　石延辉　袁　海
　　　　李金安　邓光武　谢桂泉　胡忠山
　　　　李星辰　张朝辉　熊双成　吴梦凡
　　　　杨　洋　于大洋　李亚锦　刘英男

前言

截至2020年底，中国南方电网有限责任公司（简称南方电网公司）已建成"8交11直"共19条西电东送大通道，向广东、广西、海南送电，送电能力超过5800万kW。国家电网有限公司（简称国家电网公司）已累计建成"14交12直"特高压工程，累计送电超过1.6万亿kWh。换流站作为高压直流输电系统中的关键转换环节，其站内设备状态直接关系交/直流系统运行的可靠性。随着电力物联网技术的发展和应用，电网各环节信息感知的深度和广度不断提升，且电网结构日益复杂、设备不断增多，需进一步提升换流站设备运检大数据的分析自动化和智能化水平，更好地支撑换流站高压直流设备的状态检修。目前换流站设备多以事后故障告警和分析为主，实际运维中仍基于部分信息评估换流站系统运行状态，运维决策信息和人工智能应用不充分。

本书基于±800kV 穗东换流站的设计和运行经验，概述高压直流输电系统（若无特别说明，本书所述高压直流输电系统均指常规直流输电系统），包括高压直流输电设备和运行维护方法，研究人工智能关键技术，并将智能算法应用到高压直流输电运行维护中，提供相应的分析方法和管理实践案例。拟为换流站运行维护提供重要参考。

本书共4章，第1章概述高压直流输电系统，包括高压直流输电设备和运行维护方法，总结运行维护现状及存在问题。第2章提炼人工智能关键技术，分析人工智能技术在运维中的应用研究现状。第3章为高压直流输电运维管理实践，结合运维经验，详细描述换流阀及阀冷系统、换流变压器、断路器、避雷器、直流测量装置、交/直流滤波器的运维管理，突出现场实用性。第 4 章为换流站智能运维工作展望，提出智能巡视、智能安全以及智能决策实现的路径和推进建议。

由于编者水平和经验有限，书中难免存在一些不足之处，恳请各位专家和读者批评指正。

编　者

2021 年 1 月

目录

1

高压直流输电系统概述

截至 2020 年底，南方电网公司已建成“8 交 11 直”共 19 条西电东送大通道，向广东、广西、海南送电，送电能力达到 5800 万 kW。国家电网公司已累计建成“14 交 12 直”特高压工程，累计送电超过 1.6 万亿 kWh。换流站作为高压直流输电系统中的关键转换环节，其站内设备状态直接关系交/直流系统运行的可靠性。本章在介绍直流输电系统结构、典型运行方式及换流站设备特点的基础上，分析高压直流输电系统运行维护现状，总结换流站设备状态检修中存在的实际问题。

1.1 直流输电系统结构和典型运行方式

1.1.1 系统结构

直流输电系统的结构可分为双端系统和多端系统两类。直流输电系统结构如图 1－1 所示。

一个完整的直流输电系统主要由三部分组成，即换流站 1、直流输电线路和换流站 2。其中，换流站 1 与换流站 2 的直流场设备种类、布局基本一样，交流场则根据交流进线和出线的线路多少略有不同。每个换流站均可以运行在整流和逆变工况下。系统正常运行时，换流系统 1、系统 2 根据潮流传输方向不同而分别运行在不同的整流和逆变方式下。换流站主要由以下设备构成：

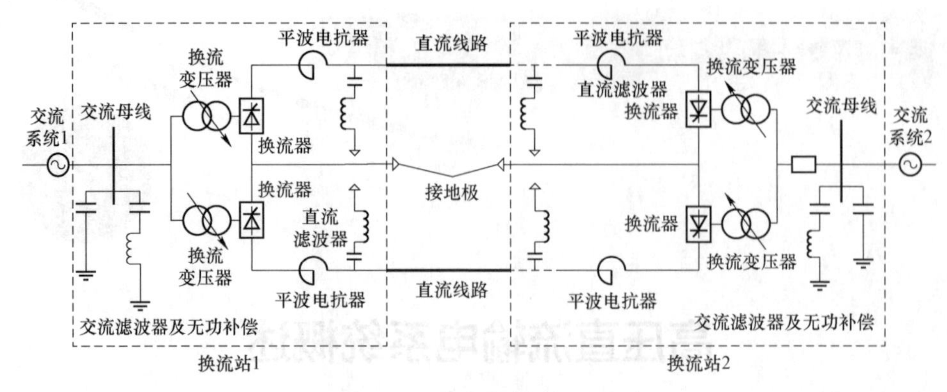

图 1-1 直流输电系统结构

（1）交流场。换流站的交流场与一般 500kV 变电站布局基本相同，它主要是为换流器输送和接收电能。

（2）交流滤波器。由于换流器在换流时会产生大量的谐波电压和谐波电流并且吸收大量的无功功率，因此换流站通过交流滤波器滤除换流器产生的谐波并补偿换流器消耗的无功功率。在强交流系统中通常采用并联电容形式的补偿。

（3）换流变压器。主要为换流器提供合适的交流电压。

（4）换流器。主要完成“交—直”和“直—交”的电能转换。

（5）平波电抗器。被串联在换流器的直流侧，主要有以下作用：

1）低直流线路中的谐波电压和电流；

2）防止换流器换相失败；

3）防止轻负荷时电流不连续；

4）限制直流线路短路期间整流器中的峰值电流。

（6）直流滤波器。换流器在直流侧产生大量的谐波电压和谐波电流，这些谐波可能导致电容器和附近的电机过热，并且干扰远动通信系统。因此，在直流侧都装有滤波装置。

（7）接地极。大多数的直流联络线设计采用大地作为中性导线。与大地相连接的导体需要有较大的表面积，以便使电流密度和表面电压梯度最小，这个导体杆称为电极。如前所述，如果必须限制流经大地的电流，可以用金属性回路的导体作为直流线路的一部分。

（8）直流输电线路可以是架空输电线路，也可以是电缆线路。除了导体数和间距的要求有差异，直流输电线路与交流输电线路十分相似。

为了保证系统功率的平衡，无论是双端系统还是多端系统，其中必须有一个换流站采用定直流电压控制模式，而其他换流站的工作模式可因应用场合的不同而有不同选择。双端的直流输电系统中一旦有一个换流站因故障而退出运行时，整个直流输电系统都将停止运行，严重时将影响电网的正常运行。

1.1.2 交流运行方式

换流站 500kV 交流场设备采用 3/2 断路器接线方式，正常时为双母线合环运行。除了正常运行方式，还可能存在以下非正常运行方式：

（1）500kV 交流断路器检修任意一串交流断路器有一台停电，其余运行。此种运行方式造成单台断路器供电，会降低系统可靠性，当运行断路器或母线发生故障跳闸时，便会造成停电。

（2）500kV 交流母线检修 500kV Ⅰ母、Ⅱ母运行，退出任一母线停电，另一母线运行。该方式下，500kV 单母线运行，站内线路、换流变压器、交流滤波器母线均靠一组母线联络运行，运行可靠性低，实际工作中应尽量缩短单母线运行时间。

1.1.3 直流运行方式

根据直流电压运行方式可以分为额定电压运行和降压运行两种方式，额定运行电压通常是±500kV 或±800kV，降压运行是指直流系统电压为 70%或 80%的额定电压下运行。根据直流控制方式区分时，有功功率控制可分为双极功率控制、单极功率控制、单极电流控制和紧急电流控制，无功功率控制方式则分为定无功控制和定电压控制。由于直流输电线路一般传输距离较长，很可能穿越冰冻地区，因此有些换流站还有直流融冰运行方式。换流站根据直流回线的接线方式大致可分为以下三类：

（1）双极大地回线方式。

（2）单极金属回线方式。

（3）单极大地回线方式。

1.2 高压直流输电设备

换流站是直流输电系统中最重要的组成部分，根据运行状态可分为整流站和逆变站，两站的主要设备基本相同。换流站一次设备主要包括换流变压器、换流阀、平波电抗器、直流滤波器、开关设备、交流滤波器及交流无功补偿装置、避雷器等。

1.2.1 换流变压器

换流变压器与换流阀一起实现交流电与直流电之间的相互转换，换流变压器的主要作用是为换流阀提供合适的换相电压，使换流变压器网侧交流母线电压和换流桥的直流侧电压能分别符合两侧的额定电压及允许电压偏移。换流变压器的总体结构分为三相三绕组式、三相双绕组式、单相双绕组式和单相三绕组式四种。换流变压器结构示意图如图 1-2 所示。

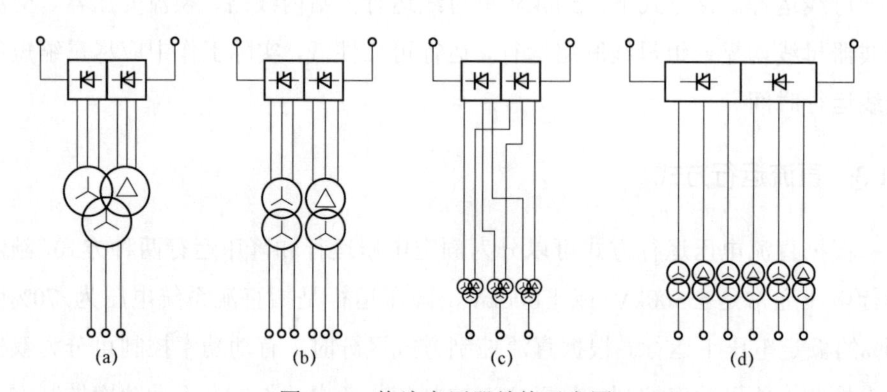

图 1-2 换流变压器结构示意图

(a) 三相三绕组；(b) 三相双绕组；(c) 单相三绕组；(d) 单相双绕组

换流站内的变压器多采用单相变压器，主要部件包括本体、套管、冷却系统、分接开关和非电量保护五大部分。换流变压器整体示意图如图 1-3 所示。

按照换流变压器数据来源和设备部位，对其状态参量进行分类，变压器状态参量如表 1-1 所示。

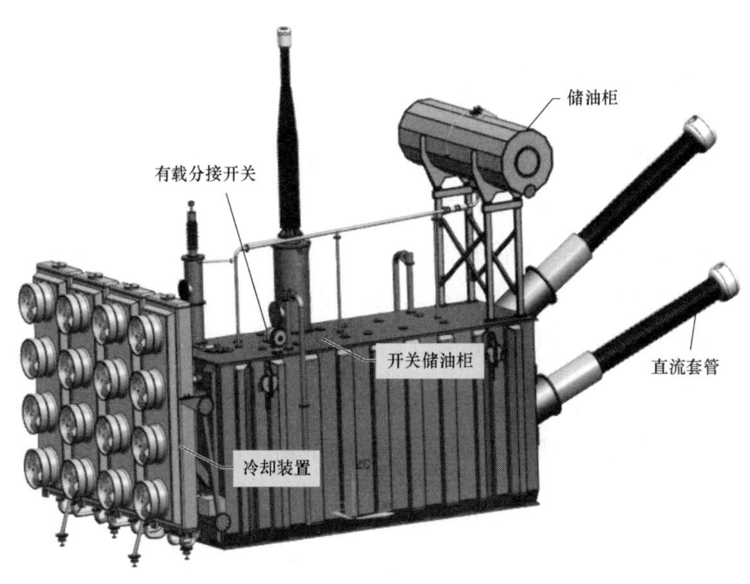

图 1－3　换流变压器整体示意图

表 1－1　　变压器状态参量

数据来源	主要部件	状态量
设备台账参量	换流变压器	设备名称、运行编号、型号、容量、额定电压、额定电流、冷却方式、接线组合、生产厂家、投运时间
换流变压器投运前试验参量	换流变压器	绕组直流电阻、绕组介质损耗因数、绕组变形测试、短路阻抗、泄漏电流、绝缘电阻、绝缘介质损耗值、油中溶解气体等
运行记录参量	换流变压器本体	过负荷次数、过励磁次数、短路电流及次数、本体油位、顶层油温、绕组热点温度
	有载分接开关	分接开关切换次数、与前次检修间隔、在线滤油装置、传动机构、限位装置失灵、滑挡、控制回路
	换流器非电量保护	压力释放阀、气体继电器
巡视记录参量	换流变压器本体	本体油位、顶层油温、绕组热点温度、底层油温、本体渗油、本体漏油、噪声及振动情况、本体呼吸器及硅胶、红外测温、油箱表面温度
	换流变压器套管	套管防污水平及外绝缘、套管外观与渗透油、油位或压力指示
	换流变压器冷却系统	油泵或风扇电机运行、冷却装置控制系统、冷却装置散热效果、水冷却器、渗油、漏油、散热器表面情况
	换流器有载分接开关	油位、呼吸器及硅胶、分接位置、渗漏油、在线滤油装置、电源
	换流变压器非电量保护	温度计情况、油位指示计情况、气体继电器情况、油流继电器情况、温度计和分接开关位置等远方与就地指示一致性
带电检测参量	换流变压器本体	铁芯接地电流、换流变压器中性点直流电流、高频局部放电检测、本体油介质损耗因数、本体油击穿电压、本体油中水分、油中含气量
	换流变压器套管	套管接头和本体温度
	有载分接开关	油击穿电压
缺陷/故障参量	缺陷/故障参量	缺陷设备、缺陷类型、家族性缺陷

1.2.2 换流阀及换流阀冷却系统

换流阀是直流输电的核心设备，包括换流阀、阀基电子设备（valve base electronics，VBE）、阀厅避雷器等，主要完成直流电能到交流电能的转换。换流阀的基本组成单位为晶闸管元件；15 个晶闸管元件与 2 台阀电抗器串联后，再与 1 只均压电容器并联构成 1 个晶闸管阀段；2 个晶闸管阀层串联后构成 1 个换流阀模件，两个换流阀模件串联构成 1 个换流阀（也称换流臂、桥臂）；2 个换流阀串联构成 1 个二重阀，即 1 座阀塔；单个阀组由 6 座阀塔构成。12 脉动阀组结构如图 1－4 所示，阀层典型布局如图 1－5 所示。

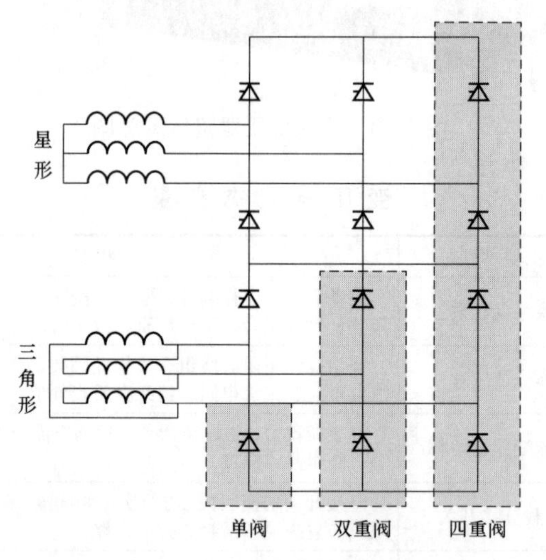

图 1－4　12 脉动阀组结构

换流阀冷却系统是换流站的一个重要组成部分，它将阀体上各元件的功耗产生的热量通过水交换到阀厅外，保证晶闸管结温运行在正常范围内。换流阀内冷却循环水系统主要是为晶闸管阀提供冷却水，将运行中的换流阀散发出的热量吸收，以维持换流阀的正常工作温度，确保晶闸管阀片可靠运行。内冷却水采用去离子水，经过精过滤及离子交换器处理，确保其电导率为 0.1～0.5μS/cm。该系统为密闭式单循环回路，闭式回路内部主要包括主循环回路、旁路循环去离子回路和补水系统等。外冷水系统为敞开式循环系统，主要由主循环回路、旁路循环回路、补水管路等组成。喷淋水泵从室外的外冷水池抽水，均匀地喷洒到冷却塔内的换热盘管表面，吸收内冷水的热量，冷却塔不停地将吸热后形成的水蒸

气排至大气中，冷凝水回流至喷淋水池，以实现对内冷水连续降温的目的。

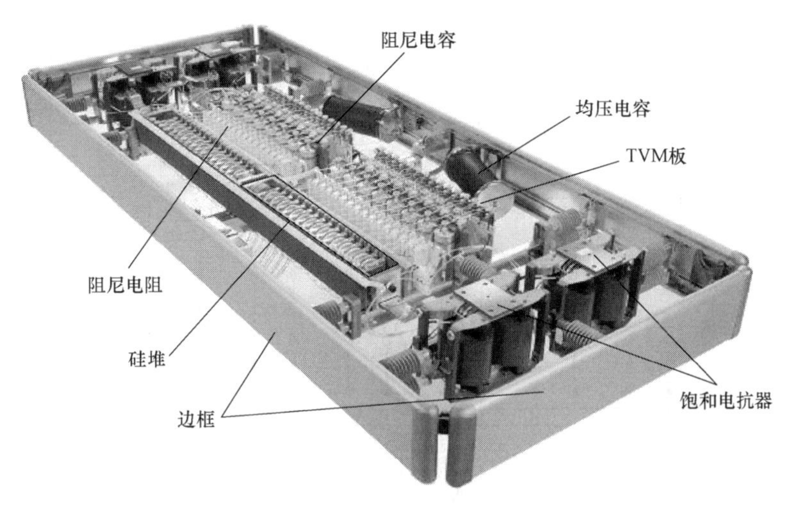

图 1－5　阀层典型布局

换流阀冷却系统典型配置如图 1－6 所示。

按换流阀及换流阀冷却系统数据来源和设备部位，对其状态参量进行分类，如表 1－2 所示。

表 1－2　　换流阀及换流阀冷却系统状态量

数据来源	主要部件	状态量
设备台账参量	换流阀	设备名称、运行编号、阀片型号、直流电压和 12 脉波、系统工程和最小/标称/最大、变压器二次电压（稳态）标称/最大、基础工频过电压、直流额定电流、直流连续过负荷、生产厂家、出厂编号、出厂日期、投运日期、安装位置
投运前试验参量	换流阀	直流耐压试验、交流耐压试验、光缆损耗率、阀基电子功能试验、水冷压力试验、水冷系统流量及压差试验、净化水特性检查
运行记录参量	换流阀	阀跳闸、功能跳闸、阀报警、保护性触发 PF 报警、晶闸管监视报警
	换流阀及冷却系统	阀控系统报警
巡视记录参量	换流阀及冷却系统	本体及屏蔽罩锈蚀、红外测温阀体本体（接头）异常升温或温差、本体及屏蔽罩积污、异常振动和声音、熄灯检查、主水过滤器压差
	换流阀及冷却系统辅助部件	绝缘部件表面污秽、避雷器本体锈蚀、避雷器振动与声响、避雷器放电电晕、阀避雷器温度或温升、组件及均压电容鼓起和渗透油
在线监测参量	换流阀及冷却系统	主水进阀温度、主水出阀温度、主水回路电导率、去离子水电导率、主水进阀压力、阀塔压差、主水进阀流量、高位水箱水位
缺陷/故障参量	换流阀及冷却系统	设备自身历史（被通报的）缺陷、设备家族性（同厂、同型被通报的）缺陷

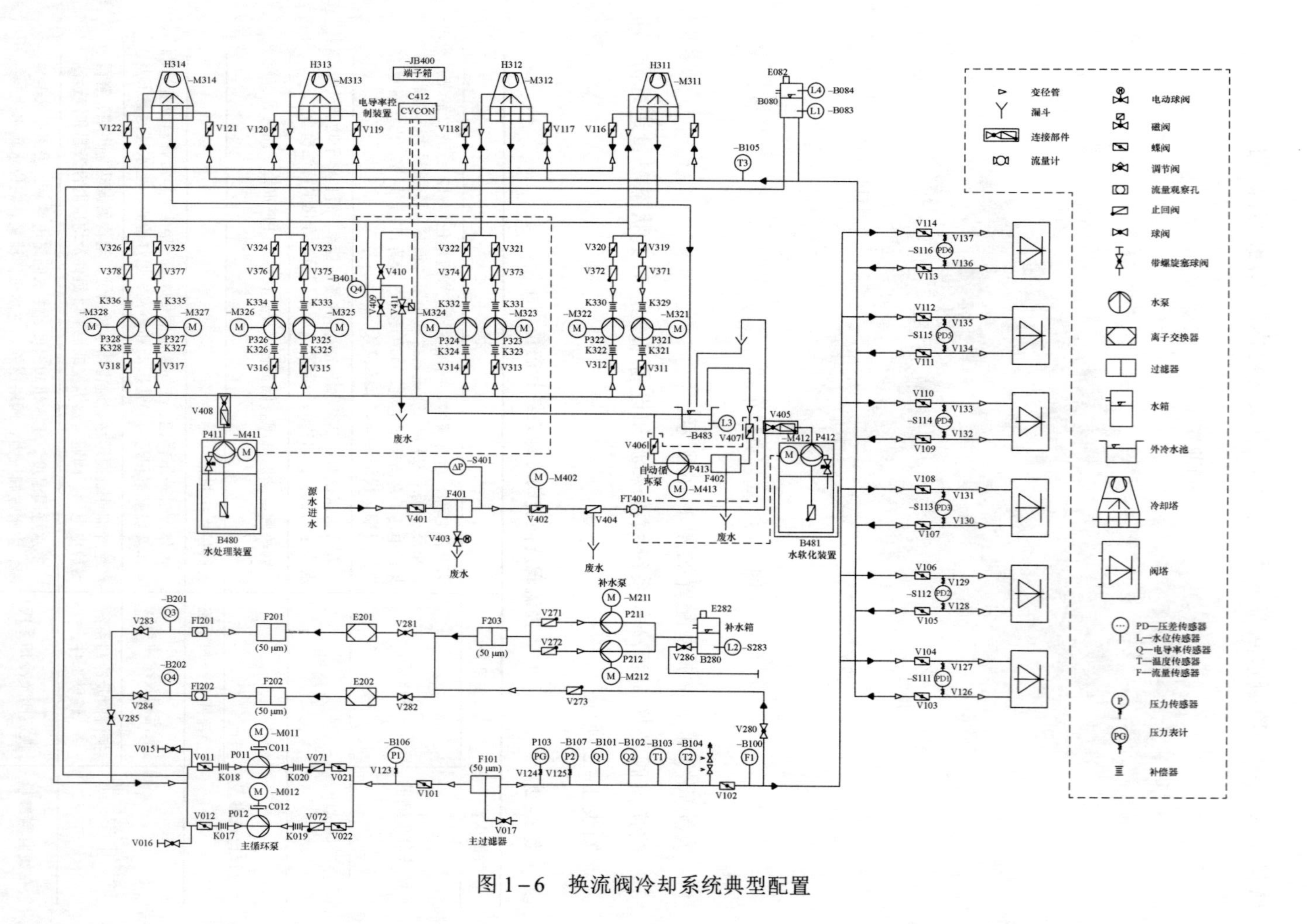

图 1-6 换流阀冷却系统典型配置

1.2.3 平波电抗器

平波电抗器是换流站直流系统中一个重要的组成部件，它能够防止直流线路或换流站所产生的陡波冲击波进入阀厅，从而使换流阀免于因过电压应力而损坏，还能够平滑直流电流中的波纹，避免在低直流功率传输时电流的断续，同时通过限制由快速电压变化所引起的快速电流变化来降低换相失败率。

平波电抗器结构如图 1-7 所示，本体由包封、支架（汇流排）和撑条等组件组成。附件由支柱绝缘子、防护罩、隔离栅栏（围栏）、接地、支座及基础、降噪装置等组件组成。

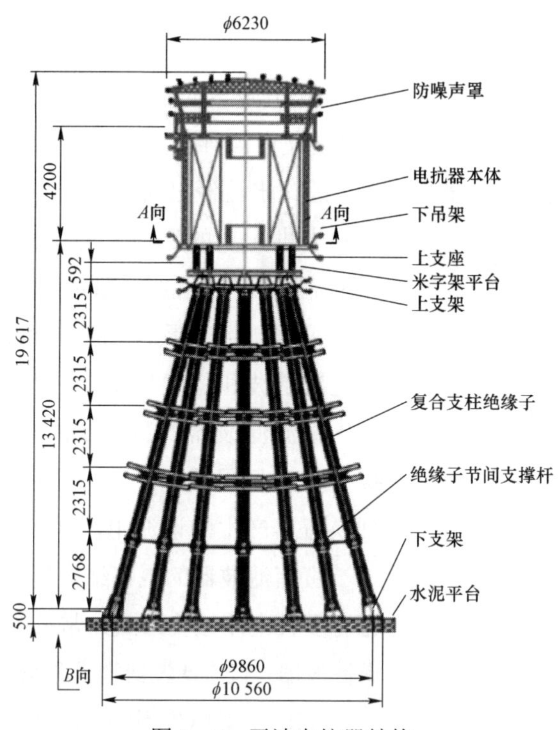

图 1-7 平波电抗器结构

按照平波电抗器数据来源和设备部位，对其状态量进行分类，平波电抗器状态量如表 1-3 所示。

表1-3　平波电抗器状态量

数据来源	主要部件	状态量
设备台账参量	干式平波电抗器	设备名称、运行编号、型号、额定电压、最大电压、额定电感、额定直流电流、型式、生产厂家、出厂编号、出厂日期、投运日期、安装位置
投运前试验参量	干式平波电抗器	直流电阻测量、电感测量、金属附件对本体的电阻测量
巡视记录参量	干式平波电抗器本体	声级与振动、外绝缘表面、红外测温（本体整体或局部温度和温升）
	干式平波电抗器附件	支撑绝缘子、减震弹簧和缓冲器、引线连接部位温升和温差
检测试验参量	干式平波电抗器本体	绕组直流电阻值、电感测量、超声探伤、憎水性测试
	干式平波电抗器附件	避雷器直流参考电压及泄漏电流测量
缺陷/故障参量	干式平波电抗器	设备自身历史（被通报的）缺陷、设备家族性（同厂、同型被通报的）缺陷

1.2.4　交/直流滤波器

滤波器类设备按用途分为交流滤波器和直流滤波器。

交流滤波器通过电抗器、电容器和电阻器的不同组合致使某次谐波流经滤波器时所呈现的阻抗很小，从而将谐波电流导出系统，达到滤除谐波的目的。同时，由于电容器、电抗器的存在，因此电流经过时能够产生一定的无功功率，达到提供无功的目的。交流滤波器可为交流网和换流器提供所需的无功功率；当发生接地故障时，限制流入系统的故障电流；滤除交流侧特定次谐波和稳定交流电压。

直流滤波器安装于换流站直流场中，并连接于直流极母线和中性线之间，主要作用是抑制换流器产生的谐波电流注入直流线路。

直流滤波器的电路结构与交流滤波器类似，也有多种电路结构形式，常见的有单调谐和三调谐滤波器。直流滤波器为无源滤波器，是仅由无源元件（R、L 和 C）组成的滤波器，它利用电容和电感元件的电抗随频率的变化而变化的原理构成。Fdc 表示电容传感器，C 和 L 分别表示电容、电感元件。换流站直流滤波器配置如图1-8所示。

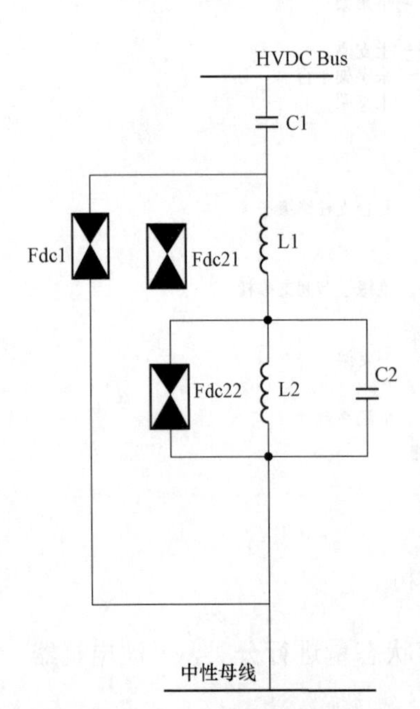

图1-8　换流站直流滤波器配置

1.2.5　断路器

断路器是指能够关合、承载和开断正常回路条件下的电流，并能在规定的时间内关合、承载和开断异常回路条件下电流的开关装置。根据换流站内断路器开断原理和安装位置可分为交流断路器和直流断路器两种，其中交流断路器主要用于交流场和交流滤波器场中设备的接通和断开，直流断路器主要用于换流站直流场设备或者线路的开断。

（1）交流断路器原理。交流断路器主要由通断元件（真空管组件）、绝缘拉杆（绝缘支撑件）、传动元件、基座（壳体）及操动机构五个基本部分组成。断路器的核心部分是通断元件，操动机构接到操作指令后，经中间传动机构传送到通断元件执行命令，使主电路接通或断开。通断元件包括触头、导电部分、灭弧介质和灭弧室等，安放在绝缘支撑件上，使带电部分与地绝缘，绝缘支撑件安装在基座上。交流断路器结构如图 1－9 所示。

图 1－9　交流断路器结构

（2）直流断路器原理。直流断路器无法像交流断路器那样利用交流电流过零的机会实现灭弧。为了使直流断路器也能有效开断直流电流，须借助并联于 SF_6 断路器的 L—C 支路中的振荡电流产生过零点，当 SF_6 断路器接头开始分离时，断口间产生电弧，由于电弧的不稳定性，在断路器断口与 L—C 支路构成的环路中激起高频振荡电流，该振荡电流叠加在断路器断口的直流电流之上。

由于L—C支路中的电阻很小，并且电弧电压随着电流的增加而减小，这样在L—C支路与断路器断口构成的环路中激起的振荡电流的幅值不仅不会衰减，反而会越来越大。当振荡电流的幅值超过流过断路器断口的直流电路时，流过断路器断口的总电流就会出现过零点，此时，SF_6断路器断口间的电弧熄灭，直流电流被转移到L—C支路，并在很短的时间内将电容器充电到避雷器的动作电压水平。接着避雷器动作，L—C支路中的电流又被转移到避雷器中，随后流过避雷器的电流逐渐减小，直至为0。直流断路器开断直流电流是一个逐步转移的过程，避雷器的作用是把电容器上的电压限制到期望值，并且吸收转移过程中高达兆焦耳能量级的能量。

直流断路器结构如图1－10所示，实物如图1－11所示。

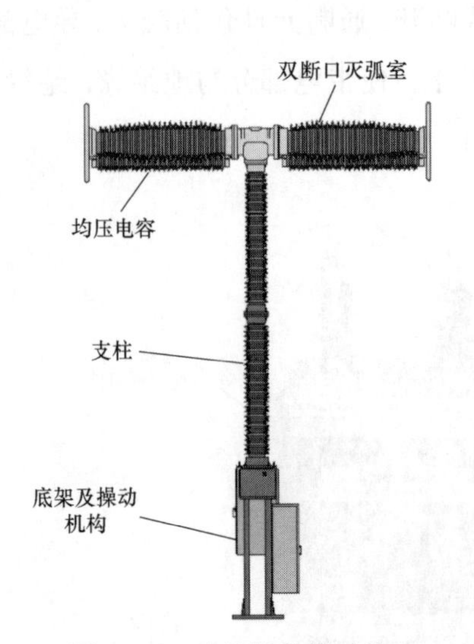

图1－10　直流断路器结构

图1－11　直流断路器实物

本体：主段口、SF_6气体、绝缘子、传动部件、密封件和进出线端子等。

振动系统及其控制回路：液压机构、弹簧机构、气动机构、分合闸线圈、压力开关、辅助开关和二次回路等组件。

振荡回路：非线性电阻、电抗器、电容器和充电装置等组件。

辅助部件：SF_6压力表、弹簧压力显示、动作计数器、机构箱、接地、架构及基础和绝缘平台等组件构成。

按照断路器数据来源和设备部位，对其状态量进行分类，如表1－4所示。

表 1-4　断路器状态量

数据来源	主要部件	状态量
设备台账参量	MRTB 设备	设备名称、运行编号、型号、额定电压、雷电冲击耐压、额定连续电流、合闸时间、分闸时间、开断短路电流能力、维护前以额定电流运行时允许的操作次数、操动机构类型、灭弧介质、段口数、生产厂家、出厂编号、出厂日期、投运日期、安装位置
投运前试验参量	MRTB 设备	绝缘拉杆绝缘电阻、导电回路电阻、直流耐压试验、交流耐压试验、分合闸时间、分合闸速度、密封性检查、分合闸线圈绝缘电阻及直流电流、操动机构的试验、SF_6气体的含水量、气体密度继电器压力表和压力动作阀的检查、辅助回路的试验、爬电比距、爬电系数
运行记录参量	MRTB 本体	累计开断短路电流值、分合闸位置指示
	MRTB 操作系统及控制回路	液压机构操作次数、液压弹簧机构启动次数、弹簧机构操作次数
	MRTB 辅助部件	SF_6压力表压力指示值、密封件
巡视记录参量	MRTB 本体	异常振动声响、本体锈蚀、高压引线及端子板连接、瓷套污秽、瓷套破损、瓷套放电、连杆锈蚀、连杆变形、均压环锈蚀、均压环变形、均压环破损、红外测温引线接头热点温度或相对温差、红外测温灭弧室热点温度或相对温差
	MRTB 操作系统及控制回路	二次元器件、弹簧锈蚀、弹簧损坏、弹簧储能、分合闸线圈、储能电机锈蚀、储能电机异响、储能电机损坏、液压机构压力及打压、储气缸、端子排锈蚀、二次电缆、弹簧机构操作
	MRTB 振荡回路	电容器高压引线、电容架构或箱体、电容器外壳、电容器渗漏油、电容器接地情况、电抗器接地引下线、电抗器表面、绝缘子表面、充电装置表面
	MRTB 辅助部件	机构箱密封、机构箱变形、机构箱锈蚀、接地连接锈蚀、接地连接松动、基础破损、基础下沉、支架锈蚀、支架松动、SF_6压力表及密度继电器外观、温湿度控制装置、油压力表、动作计数器
带电检测参量	MRTB 本体	SF_6气体密度、SF_6气体含水量
检修试验参量	MRTB 本体	主回路电阻值、段口电容器电容量、段口间并联电容器的绝缘电阻
	MRTB 操作系统及控制回路	辅助回路和控制回路绝缘电阻、分合闸线圈直流电阻、分闸动作电压、分闸同期性、合闸同期性、分合闸时间、合闸电阻值、合闸电阻的投入时间、油（气）泵零起打压的运转时间、液压机构操作压力下降值、储能电机绝缘电阻
	MRTB 振荡回路	电容器电容量、非线性电阻直流参考电压及泄漏电流、非线性电阻底座绝缘电阻值、电抗器电阻值、电抗器电感量、电抗器交流耐压试验、平台对地绝缘电阻
	缺陷/故障参量	设备自身历史（被通报的）缺陷、设备家族性（同厂、同型被通报的）缺陷

1.2.6　高压隔离开关、接地开关

高压隔离开关主要用来同断路器相配合，进行倒闸操作，改变运行方式，断开无负荷电流的电路、隔离电源。

高压隔离开关是一种没有灭弧装置的开关设备，主要由导电部分、绝缘部

分、传动部分和底座部分组成。户外高压直流隔离开关示意图如图 1－12 所示。

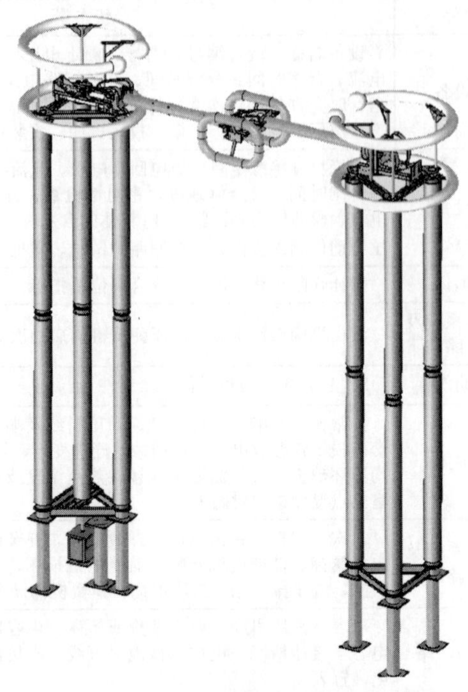

图 1－12 户外高压直流隔离开关示意图

本体：接地导体、接地极线路、馈电元件、馈电电缆、极环等。

辅助部件：接地极极址、观测井、监测装置和渗水孔等组件。

按照数据来源和设备部位，对其状态参量进行分类，如表 1－5 所示。

表 1－5 开关状态量

数据来源	主要部件	状态量
设备台账参量	直流接地极	设备名称、运行编号、正常额定电压、最大连续电流、最大短时电流、接地电阻、跨步电压、电流密度、额定电流运行时间、土壤最大允许温度、每年事故停运率、连续运行寿命、投运日期、安装位置
投运前试验参量	直流接地极	大地等效电阻率、电极处电阻率、电极处热容率、电极处热导率、跨步电压、电流密度、最高允许温度、接地电阻、焦炭表面场强
巡视记录参量	直流接地极 辅助部件	线路连接部件完整性、入地电缆完整性、渗水孔堵塞情况、安全标识和围栏、观测井水位、观测井水温
带电检测参量	直流接地极本体	极体湿度（水位）测试、跨步电压和接触电压测试、电位分布测试、分流系数测试
检修试验参量	直流接地极本体	开挖试验、接地极电阻测试
缺陷/故障参量	直流接地极	设备自身历史（被通报的）缺陷、设备家族性（同厂、同型被通报的）缺陷

1.2.7 电流互感器

电流互感器是依据电磁感应原理将一次侧大电流转换成二次侧小电流来测量的仪器，包括电磁式电流互感器、光电式电流互感器和零磁通电流互感器。

（1）电磁式电流互感器。交流电流互感器工作原理图如图 1－13 所示。根据电磁感应原理工作，当一次侧流过电流时，在电流互感器的铁芯中产生交变磁通，此磁通在二次绕组产生感应电动势，由此产生二次回路电流。电流互感器的一、二次额定电流之比称为额定电流比。根据磁势平衡原理，如果忽略励磁电流，其电流比也可以认为就是电流互感器的二次绕组和一次绕组之比。一次绕组匝数较少，串接在需要测量的回路中，一次绕组流过的电流就是被测回路的电流，随着负荷的大小而变化，电流变化很大。二次绕组的匝数较多，串接在测量仪表或继电保护回路里。因测量仪表、继电保护回路阻抗很小，所以电流互感器二次绕组回路在正常工作时近于短路状态。

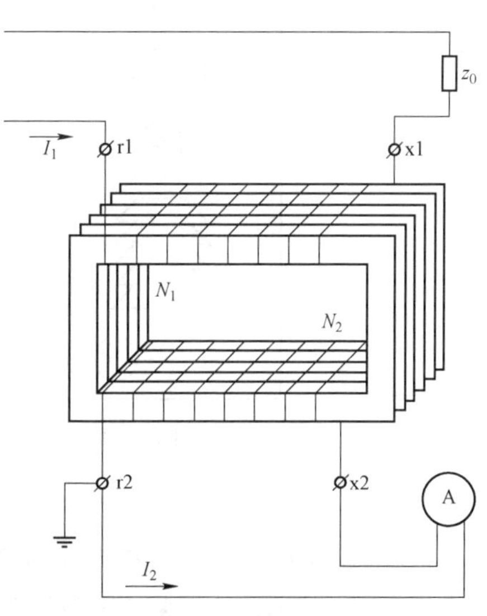

图 1－13 交流电流互感器工作原理图

（2）光电式电流互感器。光电式电流互感器主要由罗夫斯基线圈、远端模块、光纤、光接口板等组成。在高压侧罗夫斯基线圈（相当于空心线圈）将母线电流变成若干伏特的电压信号，该电压模拟量将远端模块转换成数字光信号，然后通过光纤将光信号送到控制室内。装设在屏柜内部的光接口板将光信号转换为数字电信号，供继电保护或电能计量等装置使用。光电式电流互感器传输路径如图 1－14 所示。

（3）零磁通电流互感器。零磁通电流互感器主要由一次绕组、补偿绕组、放大器模块等元件组成，采用磁通补偿原理，保持铁芯和线圈组件的磁通为 0。零磁通直流电流互感器原理图如图 1－15 所示。铁芯 T1 和 T2 为电磁力平衡探测器，通过连续检测安匝平衡的慢速偏差，消除功率放大器的扰动。铁芯 T3

是一个磁通稳定器或者电磁积分器，在此绕组上感应出任何电压都会被功率放大器立即消除。N_1、N_2、N_3 为 3 个铁芯的辅助绕组。绕组 N_4 和 N_5 提供电流给负荷电阻。I_d 为被测直流电流，I_2 为二次补偿电流。

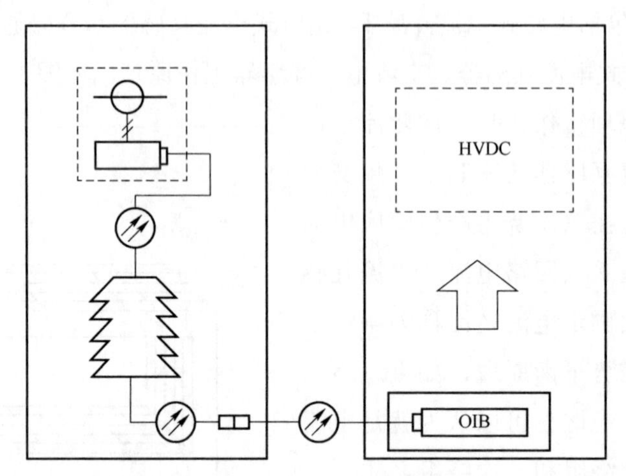

图 1－14　光电式电流互感器传输路径

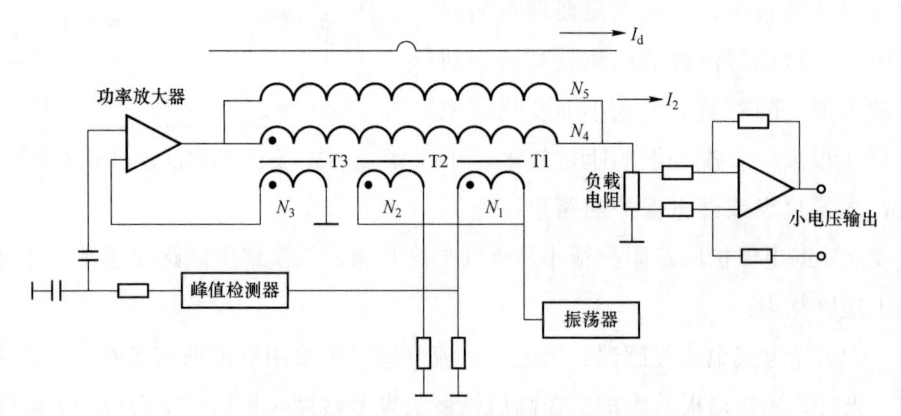

图 1－15　零磁通直流电流互感器原理图

励磁发生器使铁芯 T1、T2 趋向饱和，当铁芯饱和时，电流急剧上升。N_1 绕组中电流的上升可由峰值检测器检测。N_2 绕组能完全平衡由 N_1 绕组产生的电磁通。如果铁芯中还有纯直流磁通的话，峰值检测器就会检测到，并且作为正向和反向电流峰值的差值，最后加一个修正信号给功率放大器。

本体：一次电流传感器、远方模块等。

附件：绝缘伞裙、光纤、光接口模块等。

按照电流互感器数据来源和设备部位，对其状态量进行分类。电流互感器

状态量如表 1－6 所示。

表 1－6　电流互感器状态量

数据来源	主要部件	状态量
设备台账参量	光电式直流电流互感器	设备名称、运行编号、型号、额定电压、最高运行电压、变比、精确等级、生产厂家、出厂编号、出厂日期、投运日期、安装位置
投运前试验参量	光电式直流电流互感器	绕组绝缘电阻、tanδ、高频局部放电试验、交流耐压试验、绕组直流电阻、绝缘油击电压、误差测量、密封性检查、铁芯加紧螺栓的绝缘电阻、励磁特性曲线、爬电比距、爬电系数
运行记录参量	光电式直流电流互感器	光参数、测量值
巡视记录参量	光电式直流电流互感器	异常振动声响、高压引线连接、锈蚀情况、红外测温（电气连接处温升）
		外绝缘、二次接线盒
检修试验参量	光电式直流电流互感器本体	电流比较核、激光功率测量
	光电式直流电流互感器附件	光纤衰耗测试
缺陷/故障参量	光电式直流电流互感器	设备自身历史（被通报的）缺陷、设备家族性（同厂、同型被通报的）缺陷

1.2.8　电压互感器

电压互感器是将一次回路的高电压转为二次回路的标准低电压，包括电磁式电压互感器和电容式电压互感器三种。

（1）电磁式电压互感器。在一个闭合磁路的铁芯上，绕有互相绝缘的一、二次绕组，将高电压、大电流转换成低电压、小电流。电磁式电压互感器原理图如图 1－16 所示。

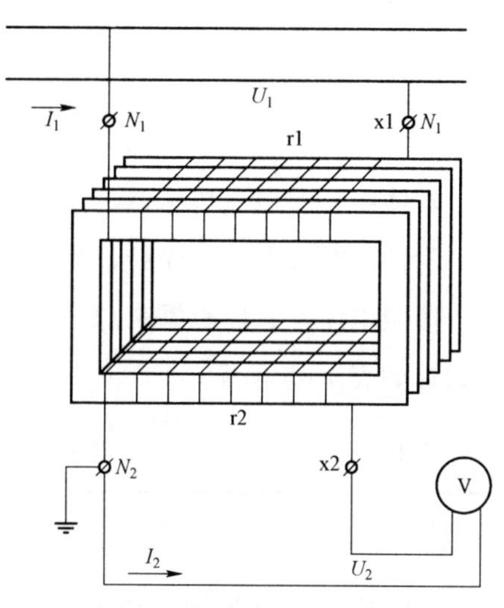

图 1－16　电磁式电压互感器原理图

（2）电容式电压互感器。电容式电压互感器由电容分压器和电磁单元组成。电容分压器由高压电容器Cl和串联电容器C2组成。电磁单元由中间变压器、补偿电抗器串联组成。

电容式电压互感器工作原理图如图1－17所示，可简单概括为耦合电容器分压、中间变压器降压、电抗器补偿、阻尼器保护。电容分压器可作为耦合电容器，在其低压端 N 端子连接结合滤波器以传递高频信号。通过电容分压器的分压，将分压后得到的中间电压（一般为10～20kV）通过中间变压器降为100V 电压，为电压测量及继电保护装置提供电压信号。为了补偿由于负荷效应引起的电容分压器的容抗压降，使二次回路电压随负荷变化减小。在中压回路中串联有电抗器，设计时使二次回路等效容抗和感抗值相等，以便得到规定的负荷范围和准确级的电压信号。在中间变压器二次侧的绕组上，接有阻尼器，有效抑制铁磁谐振。

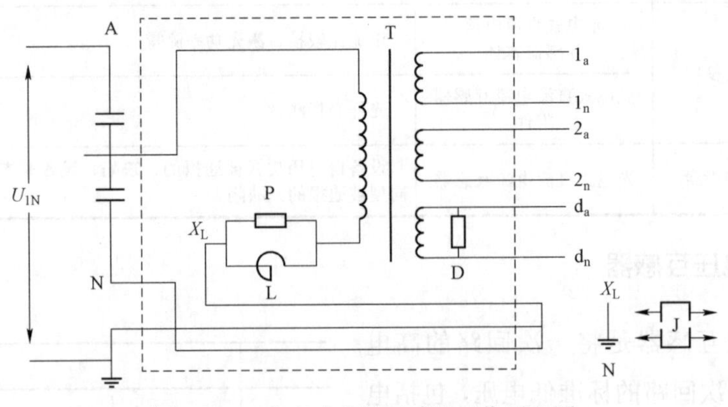

图1－17　电容式电压互感器工作原理图

本体：一次电流传感器、远方模块等。

附件：绝缘伞裙、光纤、光接口模块等。

按照电压互感器数据来源和设备部位，对其状态量进行分类。电压互感器状态量如表1－7所示。

表1－7　　电压互感器状态量

数据来源	主要部件	状态量
设备台账参量	SF_6光电式直流分压器	设备名称、运行编号、型号、额定电压、最高运行电压、变比、精确等级、生产厂家、出厂编号、出厂日期、投运日期、安装位置

续表

数据来源	主要部件	状态量
投运前试验参量	SF_6光电式直流分压器	分压比测量、SF_6气体微水含量检测、密封性能检测、低压回路工频耐压试验、直流耐压试验
运行记录参量	SF_6光电式直流分压器本体	光参数、测量值
巡视记录参量	SF_6光电式直流分压器	异常振动声响、漏气/气体压力、高压引线连接、锈蚀情况、红外测温（本体温升）
	SF_6光电式直流分压器附件	外绝缘、二次接线盒
带电检测参量	SF_6光电式直流分压器本体	SF_6气体含水量、SF_6气体分解物
检修试验参量	SF_6光电式直流分压器本体	电压比较核、电压/电阻/电容值测量、激光功率测量、油中溶解气体分析（油纸绝缘）
	SF_6光电式直流分压器附件	光纤衰耗测试
缺陷/故障参量	SF_6光电式直流分压器	设备自身历史（被通报的）缺陷、设备家族性（同厂、同型被通报的）缺陷

1.2.9　避雷器

避雷器是连接在导线和地之间的一种防止雷击的设备，通常与被保护设备并联。避雷器可以有效地保护电力设备，一旦出现不正常电压，避雷器就起到保护作用。避雷器原理图如图1－18所示。当被保护设备在正常工作电压下运行时，避雷器不会产生作用，对地面来说视为断路。一旦出现高电压且危及被保护设备绝缘时，避雷器立即动作，将高电压冲击电流导向大地，从而限制电压幅值，保护电气设备。当过电压消失后，避雷器迅速恢复原状，使系统能够正常供电。避雷器主要是通过并联放电间隙或非线性电阻的作用，对入侵流动波进行削幅，降低被保护设备所受过电压值，从而达到保护电力设备的作用。

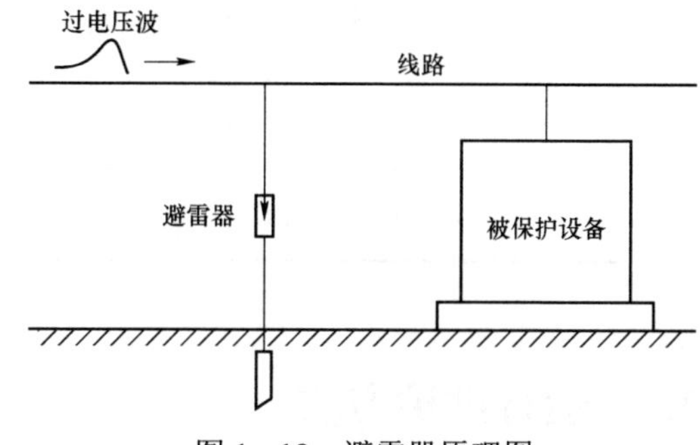

图1－18　避雷器原理图

本体：阀片、并联电容、瓷套和法兰等。

附件：底座、在线监测泄漏电流表、放电计数器和均压环等组件。

引线：高压引线、接地引下线等组件。

按照避雷器数据来源和设备部位，对其状态量进行分类，避雷器状态量如表1－8所示。

表1－8　　避雷器状态量

数据来源	主要部件	状态量
设备台账参量	金属氧化物避雷器	设备名称、运行编号、型号、额定电压、持续运行电压、标称放电电流、能量吸收能力、生产厂家、出厂编号、出厂日期、投运日期、安装位置
投运前试验参量	金属氧化物避雷器	避雷器及基座绝缘电阻、避雷器的工频参考电压和持续电流、避雷器直流参考电压和0.75倍直流参考电压下的泄漏电流、检查放电计数器动作情况及监视电流表指示、工频放电电压
运行记录参量	金属氧化物避雷器附件	在线监测泄漏电流表指示值
巡视记录参量	金属氧化物避雷器本体	本体锈蚀、本体外绝缘表面憎水性、本体外绝缘表面情况、密封性、外绝缘防污水平、外套和法兰结合情况、本体温升、温差
	金属氧化物避雷器附件	在线监测泄漏电流表状况、均压环外观
	金属氧化物避雷器引线	引线、接地引下线锈蚀情况
带电检测参量	避雷器本体	高频局部放电图谱、运行电压下交流泄漏电流阻性分量
	避雷器引线	连接端子及引流线温升
检修试验参数	金属氧化物避雷器本体	直流1mA电压U_{1mA}、$0.75U_{1mA}$下的泄漏电流
	金属氧化物避雷器附件	放电计数器功能检查、底座绝缘电阻
缺陷/故障参量	金属氧化物避雷器	设备自身历史（被通报的）缺陷、设备家族性（同厂、同型被通报的）缺陷

1.3　运行维护方法

1.3.1　换流站设备运维现状

随着状态监测和故障诊断技术的应用，换流站设备运维从计划检修转变为状态检修，状态监测的手段包括人工巡视、离线试验、带电检测和在线监测。

在当前阶段，换流站设备运维情况如下：

（1）现阶段的巡视业务，由运行人员或检修人员在换流站现场，按照设备运维管理规程以及业务指导书、作业指导书要求，按照设备运维周期到现场开展日常巡视、专业巡视、特殊巡视、监盘管理等工作。部分试点单位采用人工巡视+机器人巡视模式，如南方电网公司已建立“机巡为主、人巡为辅”的协同巡视模式，直升机和无人机配置到80%以上的输电班组，巡视范围覆盖全网主要的500kV线路及重要的220kV通道；变电站智能巡视机器人已在多个站点内应用，但机器人的派遣与数据分析工作由运维人员人工操作。

（2）现阶段的操作业务，一般由调度下令，运维人员在现场执行或由调度远方执行程序化操作，运维人员在现场核实隔离开关等位置状态，或将操作权下放，由巡维中心下令运维人员执行（如针对接地开关的操作），部分试点区域实现由调度远方执行程序化操作，通过智能终端上传现场位置信息到调度，或由运行人员控制操作机器人执行操作（如对高压柜的操作）。

智能技术的不断推进，将对变电站现行业务带来较大的影响，业务运作模式也会随之出现相应的变更。交流、直流电网建设规模、电压等级、复杂程度的不断增加，对关键高压电气设备全方位、全周期的可测可控与智能运检工作提出了更高的要求。

1.3.2　存在问题

随着智能电网、能源互联网的大力推进和快速发展，电网各环节信息感知的深度和广度不断提升，不同来源、不同类型的状态信息急剧增长，部分地区目前已在网省级建立设备状态监测评价中心，实现数据融合及实时监测，但各级主站平台数据融合度不高，状态诊断评估分析功能智能化程度不够，难以支撑运维决策，需进一步提升运检大数据分析的自动化和智能化水平，更好地支撑设备的状态检修。目前针对换流站设备的运维决策存在以下几点问题：

（1）设备实际运维中多采用简单阈值判定方法来检测异常。由于设备运行环境和工况的差异性，目前相关运行规范设定的阈值在异常诊断方面具有一定的局限性且受运行工况、环境等因素的影响，换流站设备状态异常有时被掩盖在正常监控信号的波动中而难以识别。

（2）设备缺陷现存情况复杂多变，影响因素较多，目前大多依赖于人员的知识和经验进行处理，但状态检测数据爆发式增长加上与设备状态密切相关的运行、气象环境等信息数据量巨大，人工诊断分析效率不高。

（3）设备状态量之间的相关关系及内涵机理复杂，设备运行状态的关键特征参数难以识别且在多源因素影响下，难以建立设备运行状态评估的量化分析模型。

（4）数据不均衡问题。输变电设备所积累的故障数据与案例数量稀少，与不断增长的正常运行监测数据相比，呈现出极端的数据不均衡现象。直接应用人工智能算法难以刻画全局样本。

（5）换流站设备多以事后故障告警和分析为主，实际运维中仍基于部分信息评估换流站系统运行状态，运维决策信息不充分，算法逻辑单一，人工智能应用不充分。

综上所述，目前换流站设备智能运检在缺陷分析、处置决策和差异化运维方面，存在技术欠缺，制约了智能运维从事后分析到事前预防的转变。

2

换流站设备智能运维关键技术

随着电力物联网技术的发展和应用，电网各环节信息感知的深度和广度不断提升，电网结构日益复杂、设备不断增多，传统的人工巡视和分析方式耗时耗力，无法有效应对换流站设备的运维管理需求。计算机技术、传感技术及人工智能技术的快速发展促使传统换流站逐渐向着高度自动化、数字化、智能化方向发展。人工智能技术在换流站运维数据分析中的应用研究，有利于换流站设备的安全运行，提高变电站运维管理水平。本章在概述人工智能算法分类的基础上，综述人工智能技术在运维中的应用研究情况，总结智能算法在直流输电设备中应用的关键问题。

2.1 人工智能分析方法概述

随着大数据技术、计算机算力以及学习算法理论水平的大幅提升，基于深度学习的人工智能技术也得到了快速发展和广泛使用。本节将主要阐述输变电设备运维检修各环节所涉及的人工智能关键技术，包含监督与无监督机器学习、启发式智能算法、分类等传统方法，以机器学习、深度学习为底层支撑技术的计算机视觉与自然语言处理两类高级应用等。人工智能主要算法框架如图 2－1 所示。

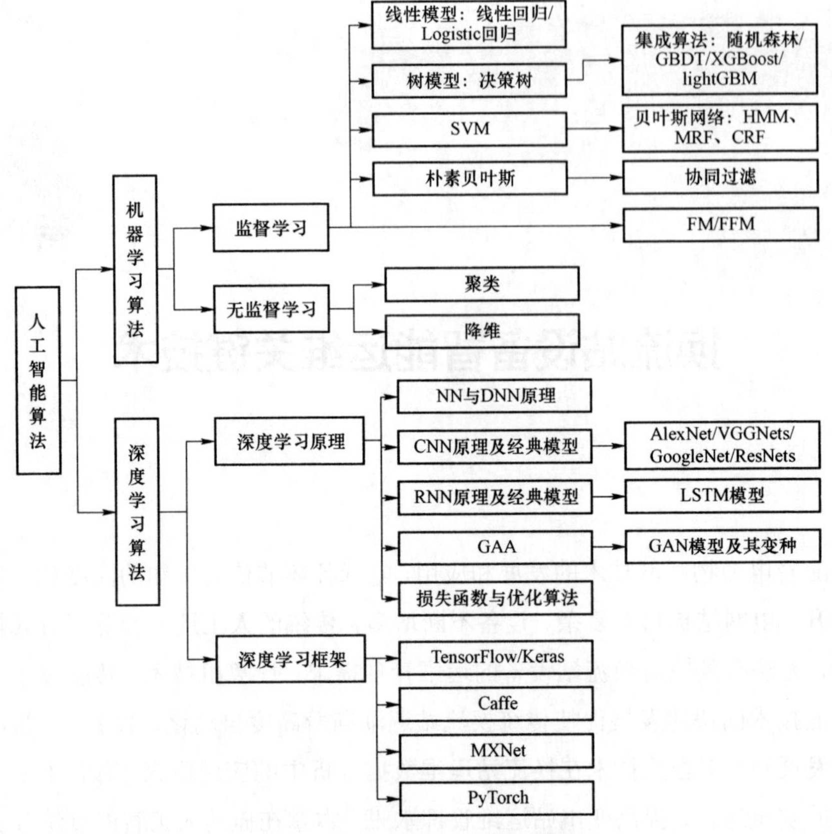

图 2-1　人工智能主要算法框架

2.1.1　传统机器学习

传统机器学习包括监督学习和无监督学习方法。监督学习是从已标记的数据中训练具有某种推断功能模型的机器学习，主要包含分类和回归两类方法。其中分类方法最为广泛的应用是电力设备的故障诊断，常见的分类方法包括朴素贝叶斯、K-近邻、决策树、Logistic 回归、支持向量机等方法。无监督学习是在无类标信息（或预期输出值）的情况下训练模型。目前无监督学习主要指聚类方法。典型的聚类方法包括 K-Means 聚类、基于密度的聚类方法、高斯混合模型等。

1. 聚类算法

聚类算法是在给定的一组数据中将数据点划分到特定的组中，每组数据中的点应该具有相同或者相似的属性，组与组之间又保持着高度不同的属性特征，是无监督学习方法中常见的数据分析手段，以K–Means聚类算法最为常见。传统的K–Means聚类算法核心思想是：在数据集D中随机选取K个聚类中心，并以最小距离为原则将数据点划分至K个簇，重新计算每个聚类簇的均值，循环至满足收敛函数的要求。由于聚类中心的选取是随机的，若选取不恰当会陷入迭代难度大或陷入局部最优解的困境，应尽量消除孤立点带来的影响。

2. 回归算法

回归算法将数据集D划分为测试集和训练集，测试集用来建立模型，训练集用来处理算法，核心思想是找到一条离数据样本点距离和最小的线，属于监督型算法的一种，多用于预测和分类领域。线性回归是利用线性回归方程的最小平方函数对一个或多个自变量和因变量之间关系进行建模的一种回归分析，应用过程简单易行，但无法有效解决非线性问题，对离散数据适应性不强。逻辑回归更常被用作分类模型，本质就是假设数据服从某个分布，并以极大似然估计做参数的估计，思路是先拟合决策边界再建立这个边界与分类的概率联系，从而得到了不同分类情况下的概率。

3. 分类算法

用于解决分类的算法很多，单一的分类方法主要包括决策树、朴素贝叶斯、人工神经网络、K—近邻、支持向量机和基于关联规则的分类等；另外还有用于组合单一分类方法的集成学习算法。决策树是从无次序、无规则的实例中归纳出属性和类别的方法，采用自顶向下的递归方式对决策树内部节点进行比较，并判断出向下的分支，适用于高维数据，能在短时间内处理大量数据并得到较好的结果，但易出现过拟合的情况，信息增益偏向于具有更多数值的特征。支持向量机最大的特点是以结构风险最小化为准则，以最大化分类间隔构造最优分类超平面来提高学习机的泛化能力，较好地解决了非线性、高维数、局部极小点等问题，但对缺失数据较为敏感。朴素贝叶斯算法是一类利用概率统计知识进行分类的算法，利用贝叶斯定理选择具有最大可能性的类别作为最终的类别，对缺失数据不敏感，但应用中往往不能满足属性之间相互独立的假设。

2.1.2 深度学习

深度学习有别于传统的浅层学习，它增加了模型结构的深度。另外明确了

特征学习的重要性。与传统的基于专业领域知识手工设计特征提取器不同，深度学习对输入数据逐级提取从底层到高层的特征，建立从底层信号到高层语义的映射关系，从通用的学习过程中获得数据的特征表达。典型深度学习模型包括深度信念网络、卷积神经网络、长短期记忆网络、堆叠自动编码器等。

2.1.3 强化学习

强化学习又称再励学习、评价学习，是一种重要的机器学习方法，它的本质是解决决策上的问题，即学会自动进行决策。强化学习主要包含个体、环境、状态、行动和奖励 4 个元素。在学习过程中，学习个体根据环境状态，搜索策略做出最优动作，继而引起状态改变，因而得到环境反馈的奖惩值；个体再根据奖惩值对当前策略做出调整并进入新一轮的学习训练，重复循环直到环境对学习个体在某种意义上的评价最佳。

2.1.4 迁移学习

迁移学习的目的是利用学习目标和已有知识的相关性，将现有的知识运用到相关但不相同的领域中解决相应的问题。在很多情况下，某些应用场景中仅有少量的标签样本甚至难以获取样本，无法支持可靠模型的构建，利用迁移学习能将相关场景中已存在的模型参数迁移到该场景中指导新模型的构建，从而提高新模型的泛化能力。

2.2 智能算法在运维中的应用研究

电力设备的运行状态与电力系统的稳定及安全密切相关。全面、准确地掌握电力设备的内外部多源数据，并通过科学的手段进行信息汇总和融合，从而对电力设备的运行状态与变化趋势做出准确的评估和预测。安排合理的运维检修计划，是整个电力系统可靠、经济运行的关键前提和重要基础。人工智能技术在识别、预测、优化、决策任务中的效率、精度、自学习能力等方面的发展和突破，为电力设备的运维检修提供了一种全新的技术手段与研究思路。

电力设备智能运维检修的核心是针对海量在线、离线的多源异构数据进行深度融合分析，抽取映射关系、关键信息与判断规则，建立基于数据驱动的预

测、评价与诊断模型，以提高设备状态评价、故障诊断和预测的实时性和准确性。传感器、计算机、网络通信等技术推动了大量新型试验手段和非电量测量仪器的发展，为电力设备提供了良好的大数据与深层人工智能技术应用基础。基于人工智能技术的设备运维检修框架如图 2-2 所示。

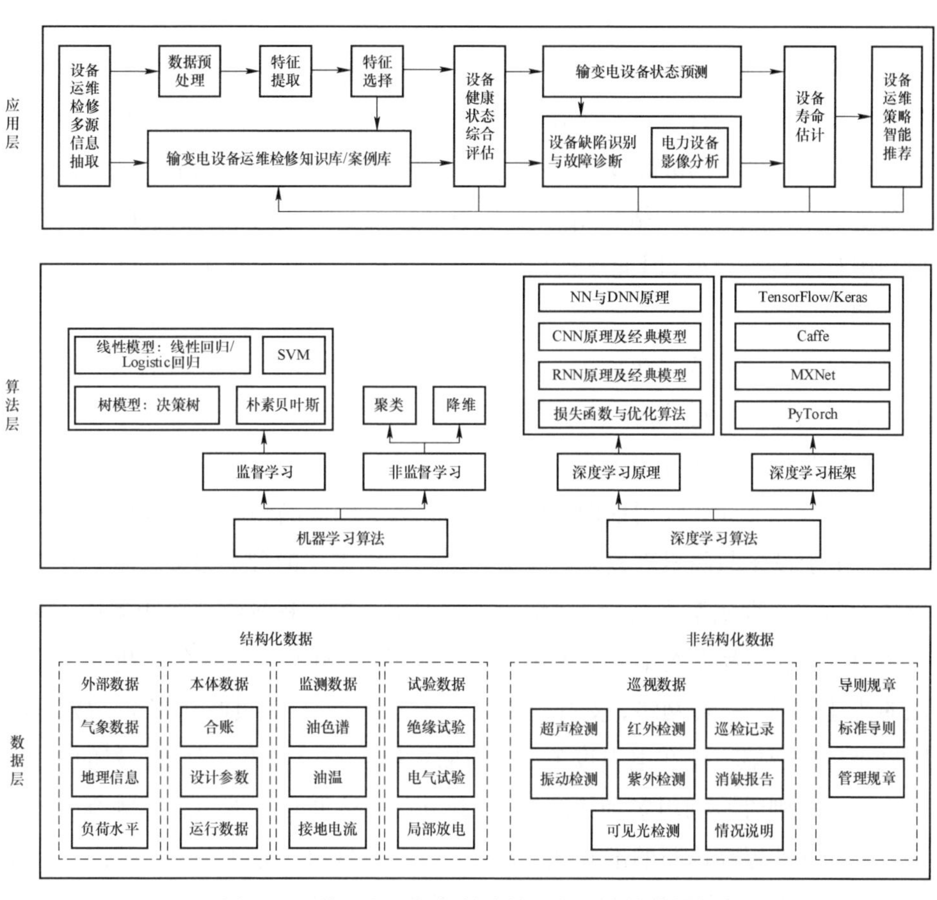

图 2-2 基于人工智能技术的设备运维检修框架

近年来，考虑多参量的设备状态评价方法受到较多的关注，主要利用预防性试验、带电检测、在线监测的数据结合故障记录、家族缺陷等对设备整体健康状态进行分析，采用的方法包括累积扣分法、几何平均法、健康指数法等简单数学方法以及模糊推理、神经网络、朴素贝叶斯网络、证据推理、物元理论、层次分析等智能评价方法。但现有方法主要基于某个时间断面的数据对设备状态进行评价。

设备状态预测是从现有的状态数据出发寻找规律，利用这些规律对未来状态或无法观测的状态进行预测。传统的设备状态预测主要利用单一或少数参量的统计分析模型（如回归分析、时间序列分析等）或智能学习模型（如神经网络、支持向量机等）外推未来的时间序列及变化趋势，未考虑众多相关因素的影响。

设备故障预测是状态预测的重要环节，主要通过分析电力设备故障的演变规律和设备故障特征参量与故障间的关联，结合多参量预测模型和故障诊断模型，实现电力设备的故障发生概率、故障类型和故障部位的实时预测。目前的研究主要采用贝叶斯网络、Apriori 等算法挖掘故障特征参量的关联关系，进而利用马尔科夫模型、时间序列相似性故障匹配等方法实现不同时间尺度的故障预测。

对已发生故障或存在征兆的潜伏性故障进行故障性质、严重程度、发展趋势的准确判断，有利于运维人员制订针对性检修策略，防止设备状态进一步恶化。传统的故障诊断方法主要基于温度分布、局部放电、油中气体以及其他电气试验等检测参量，采用横向比较、纵向比较、比值编码等数值分析方法进行判断。由于设备故障机理复杂、故障类型和现场干扰的种类繁多，简单数值分析的诊断方法准确率不高，许多情况下需要多个专家进行综合分析确诊，诊断效率很低，且容易受到不同专家主观经验的影响。随着人工智能及机器学习算法的快速发展，神经网络、支持向量机、模糊推理、朴素贝叶斯网络、故障树、随机森林等智能方法在电力设备故障诊断中得到不少应用，取得较好的成效。基于一定规则综合利用多种智能算法、建立故障诊断相关性矩阵等融合分析方法，可以有效提高诊断的准确性。目前，一些研究采用聚类分析、状态转移概率和时间序列分析等方法进行状态信息数据流挖掘实现设备状态异常的快速检测，取得了一定的效果，基于高维随机矩阵、高维数据统计分析等方法建立多维状态的大数据分析模型，利用高维统计指标综合评估设备状态变化，也展现了良好的应用前景。

近年来，带电检测、在线监测、智能巡检技术大量推广应用，采集了海量的状态检测数据。利用大数据分析平台和人工智能技术可以对海量数据样本进行自动学习实现故障智能诊断，达到甚至超过多个专家分析会诊的能力。基于大数据样本智能学习需要构建足够数量的缺陷、故障和现场干扰样本数据库，

一方面通过深度学习等先进的机器学习手段建立设备故障智能诊断模型；另一方面可以通过大数据的匹配和关联算法搜索相似的缺陷或故障案例，为设备故障分析提供参考。另外，利用智能学习算法对海量的状态检测图像和声音进行设备故障的自动辨识也是颇具应用价值的关键技术。目前深度信念网络、深度卷积网络等深度学习方法已在局部放电、油中气体故障诊断以及红外图像处理等方面取得了研究和应用进展。人工智能运维应用场景如表 2－1 所示。

表 2－1　　人工智能运维应用场景

<table>
<tr><th>领域</th><th>序号</th><th colspan="2">场景</th></tr>
<tr><td rowspan="5">设备运维领域</td><td>1</td><td colspan="2">设备状态评价</td></tr>
<tr><td>2</td><td colspan="2">设备虚拟检修</td></tr>
<tr><td>3</td><td rowspan="3">设备智能运维</td><td>设备智能化巡检</td></tr>
<tr><td>4</td><td>作业智能化装备</td></tr>
<tr><td>5</td><td>群体智能协同作业</td></tr>
<tr><td rowspan="3">防灾减灾领域</td><td>1</td><td colspan="2">电力气象智能化风险预警</td></tr>
<tr><td>2</td><td colspan="2">输电线路灾害实时预警</td></tr>
<tr><td>3</td><td colspan="2">输变电设备隐患识别</td></tr>
<tr><td rowspan="4">安全管控领域</td><td>1</td><td colspan="2">作业安全智能监控</td></tr>
<tr><td>2</td><td colspan="2">智能辅助安全作业</td></tr>
<tr><td>3</td><td colspan="2">智能虚拟遥操作</td></tr>
<tr><td>4</td><td colspan="2">现场作业人员管理</td></tr>
</table>

通过对人工智能技术的背景材料、相关原理剖析、技术论证等方面进行详细的分析对比可发现，目前已有的分析方法和分析标准对电力设备的多维度评价和缺陷诊断提供了一定参考。以深度学习为代表的新一代人工智能技术将成为推动大数据应用进一步深化的强大驱动力，模型自适应、数据深度挖掘、强化学习等技术成为快速适配新业务目标的有力手段。

3

高压直流输电运维管理实践

本章重点分析高压直流输电运维管理实践，在数据统一汇集的基础上，通过多维度分析算法和人工智能算法，实现对数据趋势的智能分析，结合运维规程和经验自主配置告警规则，实现智能告警，辅助运行检修人员的智能决策，并提供运维管理策略。

3.1 多维度实时分析及监测平台设计与实现

由于目前对换流站内的高压电气设备的可靠性要求越来越高，其运检维护的工作量也越来越繁重。为提高高压直流换流站对设备的检修和维护水平，需要对换流站的设备采取严格监控的方案，其传统的检修和维护方式是采取定期检修和巡检，需随时进行设备的红外测温、每日开展抄表工作、定期开展局部放电试验等一系列预防性工作，然而传统的监测方案效率低下、监测周期长、操作不方便，无法全面及时地发现设备的潜在隐患。因此，需研发一套完善的换流站设备监控方案。

基于全景数据系统的高压直流换流站设备监控方案以可靠性、安全性、经济性、实用性、可操作性、可维护性为设计原则，同时兼顾到技术先进性、可扩展性和兼容性，在引领未来直流换流站智能监控技术发展的同时，可提高直流换流站设备监控的技术标准和工作效率。监控方案的具体设计原则为以下几点：

（1）在满足新一代智能变电站的技术要求之上，对高压直流换流站内的全

部高压电气设备进行了全天候、全方位、全景数据的立体监控。

（2）为每一台设备定制了专用的维护档案和检修方案。结合每一台设备固有的结构特性、电气特性、运行数据等参数，对运行状态进行了综合评估，并形成了科学、有效的评估结果，使直流换流站的设备检修由“定期检修”向“状态检修”的过渡成为可能。

（3）以云计算和大数据等数字化时代的先进运算工具为核心，建立直流换流站高压电气设备的故障数据库和专家知识库，并通过自学习算法进行维护和更新。

（4）制订直流换流站全景数据智能监控系统的行业标准，引领直流换流站智能监控的技术发展。

3.1.1　监控系统方案

全景数据是反映换流站电力系统运行的稳态、暂态、动态数据以及设备运行状态、图像等数据的集合，以统一标准的方式实现换流站内外信息交互和信息共享，形成纵向贯通、横向导通的电网信息支撑平台。根据全景数据的统一建模原则，实现各种数据的处理技术及数据接口访问规范，形成满足智能换流站高实时性、高可靠性、高自适应性、高安全性需求的换流站信息库，作为站内的各种高级应用功能的基础，同时为智能换流站一体化监控互动系统提供基本的测量数据。监控系统采用先进的传感器技术、数字化技术、嵌入式计算机技术、高速以太网通信技术、大数据技术以及状态评估诊断技术，集合了全站视频监控及换流变压器、主变压器、GIS 等重点设备和交流场、直流场、阀厅等重要区域的针对性监测方案，如红外测温、局部放电、泄漏电流、SF_6 气体监测等。

新增监测装置和已有监测装置的数据通过监测光纤主干网上传到监测数据中心服务器，对数据进行一致化管理，采用大数据技术，通过数据的整合共享，从各种各样类型的数据中，快速获得有价值信息的能力，并由智能评估诊断软件进行处理，最终实现对全站高压电气设备的实时数据获取、综合分析、状态评估以及全景展示等功能。用户可在全景监控平台上直观地了解全站各主要设备的外观、现场环境、绝缘状态、设备温度、运行位置等信息以及综合诊断结果，实现全站可视化、数字化和智能化。系统能够提前发现设备潜伏性缺陷，适时掌握缺陷发展趋势，为检修决策提供依据，增强检修针对性，提升检修质量。

监控系统由监控光纤主干网、各监测模块、监控数据中心服务器、智能监控专家系统构成。监控光纤主干网是监控系统的通信主回路，负责全站各监测装置的监测数据和监测中心控制指令的传送。光纤主干网单独布置，不影响现有通信回路。

在各区域预留若干接口，现有监测装置和新增监测装置可就近接入光纤主干网；监控数据中心服务器是监控系统的数据集中处理平台，将各监测装置（含新装监测装置和原有监测装置）的状态、视频等数据进行收集、规范化处理、存入全景数据库；智能监控专家系统对全景数据库信息进行分类、筛选，并进行综合分析、评估和诊断，对设备的绝缘性能及运行状态进行评估，并在全景数据监控平台上对全站和各监测模块的状态数据和视频进行全方位展示。监控系统共有 9 个监测模块，分别是直流场高压设备监测模块、高压直流穿墙套管监测模块、阀厅监测模块、换流变压器监测模块、220kV GIS 及避雷器监测模块、35kV 补偿区监测模块、500kV 主变压器监测模块、500kV 交流场监测模块、500kV 交流场 HGIS 监测模块，每个模块根据区域或设备数量分为几组。换流站监控平台架构如图 3－1 所示。

1. 换流变压器监测

换流变压器由于其运行状态和结构的特殊性，不仅要承受普通电力变压器要承受的电场、过热、电动力对其运行状态的影响，还要承受自身运行因素的影响。针对换流变压器运行工况和结构的特殊性，需制订相应的监测策略。换流变压器监测手段如图 3－2 所示。

（1）绝缘系统。换流变压器的阀侧绝缘不仅要承受交流电压的作用，还要承受直流电压和极性反转的作用。因此换流变压器绝缘系统比普通变压器更为复杂。换流变压器中阀侧引线及其与套管相接处的绝缘结构十分复杂，介质种类多，影响电场分布的因素也较多，在运行中和工厂试验时发生绝缘损坏的部位主要也集中在这里。针对绝缘系统问题，采用高频局部放电监测、高压套管超声局部放电监测、高压套管电容量和介质损耗监测。局部放电是造成变压器绝缘劣化的主要原因，它既是绝缘缺陷的预兆，又是其发展的产物。对局部放电进行有效的监测可以及时有效地发现和预警换流变压器内部绝缘系统的潜

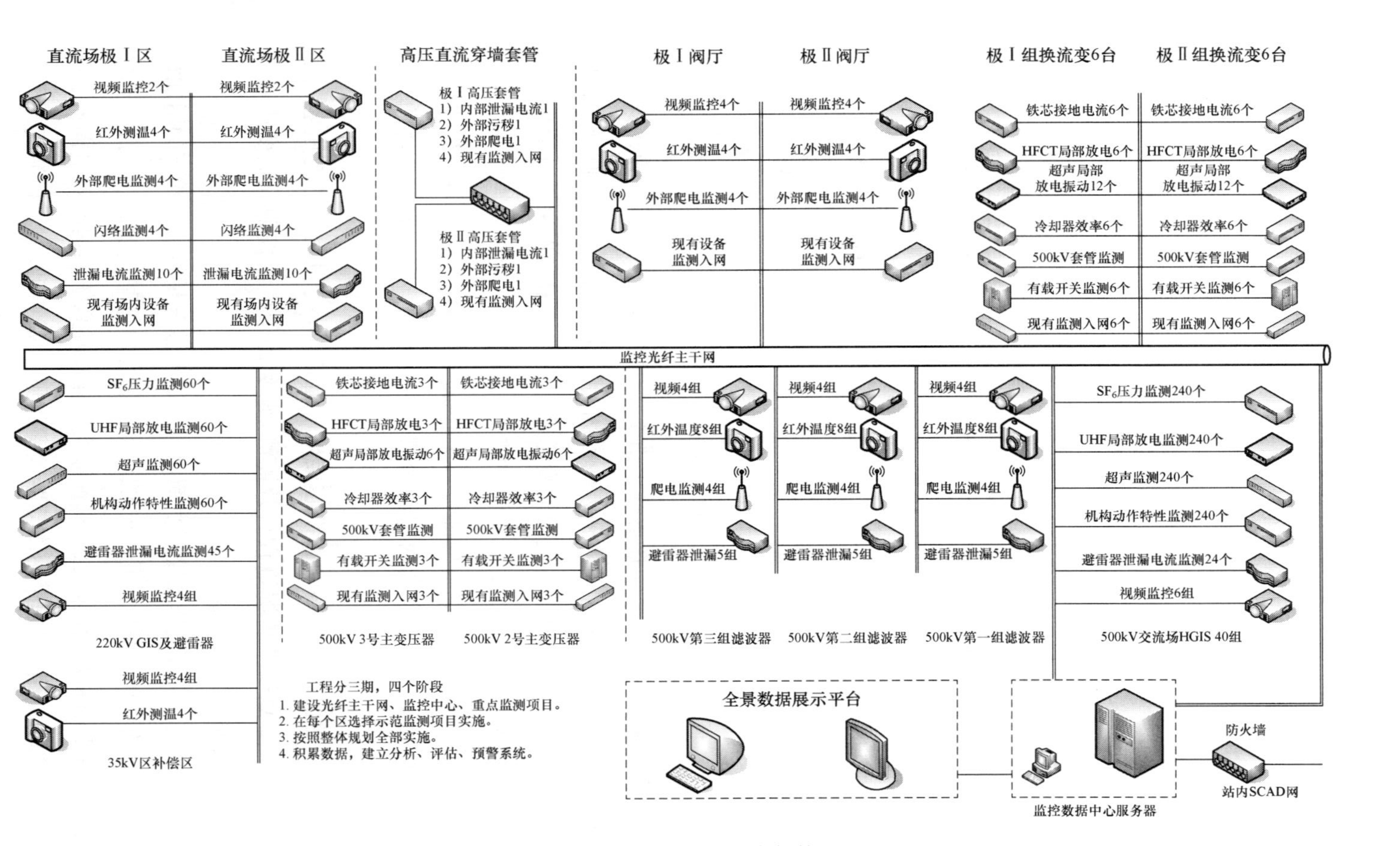

图3－1 换流站监控平台架构

在缺陷。由于换流变压器高压套管引线处场强的复杂性，对于高压套管引出线部位局部放电信号的监测尤为重要。另外通过对高压套管电容量和介质损耗的监测可以有效监测高压套管内部的绝缘缺陷。通过上述监测模式的组合，可以清楚了解换流变压器整体绝缘系统的当前健康状况。

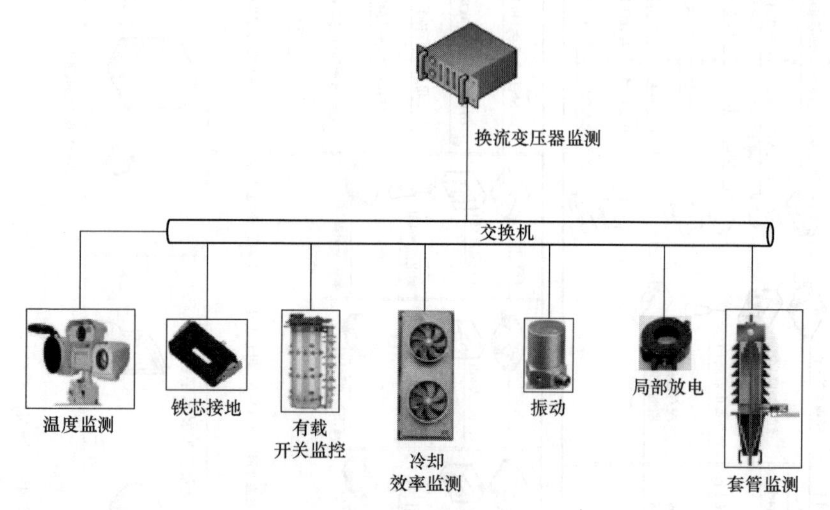

图 3－2　换流变压器监测手段

（2）直流偏磁换流。变压器在运行中由于交/直流线路的耦合、换流阀触发角的不平衡、接地极电位的升高等多方面原因会导致换流变压器阀侧及交流网侧线圈的电流中产生直流分量，使换流变压器产生直流偏磁现象，直流偏磁增大了变压器运行噪声。另外，变压器中增加了谐波成分，会使噪声频率发生变化，可能因某一频率与变压器结构部件发生共振使噪声增大，长时间处于共振状态下运行，会使得换流变压器内部结构部件更易松动，影响到变压器的正常运行。

针对直流偏磁问题采用振动和铁芯接地电流监测，可以对换流变压器内部结构部件松动和多点接地情况进行有效监测，避免由于直流偏磁导致变压器内部松动和多点接地现象的产生。

（3）高次谐波。换流变压器绕组负荷电流中的谐波分量将引起较高的附加损耗，因为谐波的频率高，所以单位谐波的附加损耗比单位基波要高。因此要充分考虑损耗增大带来的温升问题，也就对换流变压器冷却系统的运行效率提出了更高的要求。针对高次谐波问题采用冷却器效率监测。高次谐波对于换流变压器可

以导致损耗增大进一步产生温升问题，这就要求冷却器的运行必须处于可靠高效状态，而实际运行当中冷却器不可避免要受到污物阻塞或者风机运行不正常带来的影响，对冷却器效率进行监测可以有效避免冷却器效率不足带来的温升问题。

（4）有载调压。为了补偿换流变压器交流侧电压的变化，换流变压器运行时需要有载调压。换流变压器的有载调压开关还参与系统控制以便于让晶闸管的触发角运行在适当的范围内，从而保证系统运行的安全性和经济性。为满足直流降压运行的模式，有载调压分接范围相对普通的交流电力变压器要大得多。根据数据统计分析，有载分接开关的故障占到有载调压变压器故障的40%，其故障主要体现在机械故障。例如接触不良和电气故障，切换过程出现卡塞或触头切换不到位等。

针对有载分接开关的结构和电气特点，通过监测有载分接开关切换过程中开关触点碰撞产生的超声信号和驱动电机电流信号，同时辅以监测有载分接开关油室内油温与本体油温的温差，可以有效监测有载分接开关的机械特性和电气特性的潜在缺陷。

（5）现有状态量接入换流变压器。目前自身已有状态量，可通过这套监测系统进行接入。例如绕组温度、顶层油温、底层油温及油泵等相关参量，改变原有的人工周期性查看模式，实现对换流变压器的数字化平台式管理，有效提升运维效率。

2. 直流场、交流场和阀厅高压设备监测

直流场、交流场和阀厅均为多个高压设备组合形成的区域，主要包含避雷器、电抗器、电流互感器、CVT、并联电容器、交流滤波器、换流阀（实现交直流转换的关键设备）、各类开关等重要设备，采取区域监测方式。

对直流场、交流场和阀厅设备主要监测方案为外部绝缘和温度监测，并结合视频监控，能及时反映这些设备的运行状态并发现设备存在的过热、放电等隐患和缺陷。直流场和阀厅的监测手段如图3-3所示。

在监控中心通过光纤网络对指定区域实现远程实时图像监控、远程故障和意外情况告警接收处理，可提高变电站运行和维护的安全性及可靠性。视频监控系统采用基于网络摄像机的远程图像监控系统解决方案，能够准确、真实地反映出场区的现场环境条件及区域内避雷器、电容塔、电抗器等重要设备的外观状态及开关设备的分合状态。

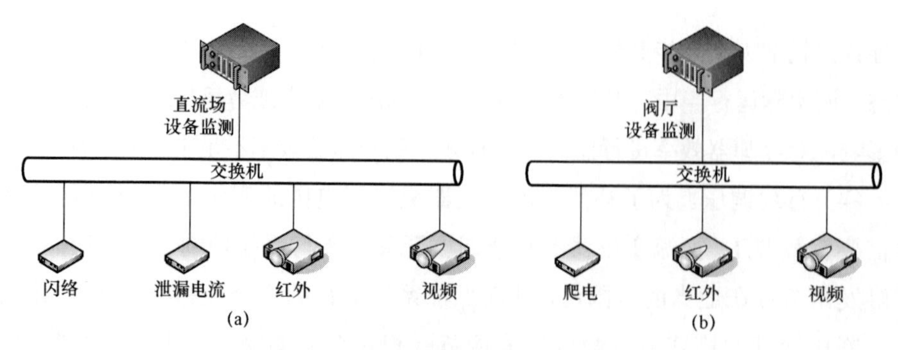

图 3－3　直流场和阀厅的监测手段

（a）直流场的监测手段；（b）阀厅的监测手段

3. GIS 监测

根据直流换流站目前 GIS 运行状态，在数字化和监测可靠性上提升日常运检工作效率。GIS 的监测策略如图 3－4 所示。

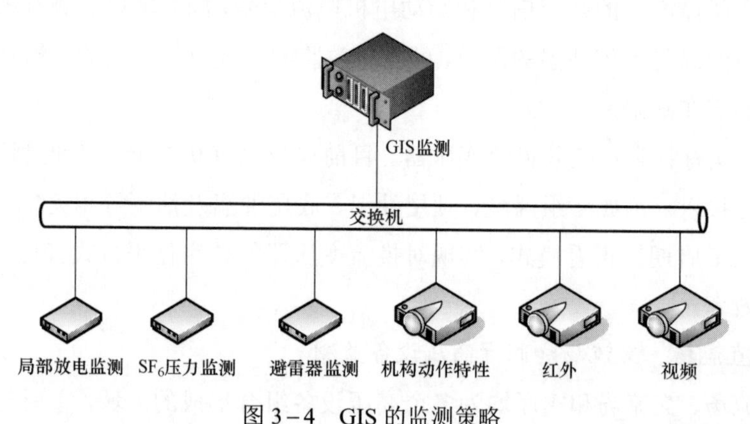

图 3－4　GIS 的监测策略

（1）局部放电监测。根据 GIS（HGIS）的结构特点，采用特高频和超声综合在线监测模式。根据国际大电网会议 CIGRE WG33/23－12 工作组对 GIS 局部放电检测方法的研究，认为特高频法（UHF）的抗干扰能力最好，检测范围较大，且对所有放电类型都比较敏感；而超声波法则对测量近距离范围内的自由移动颗粒比较灵敏，且便于确定故障的位置。UHF 法和 AE 法作为两种不同的监测诊断手段，可起到相互补充的作用。系统利用小波消噪技术、自适应滤波技术、窄带消干扰技术，消除现场监测的干扰信号，可以实现对单个放电脉冲的时域、频域及时频分析，提供 PRPD、PRPS 及指纹图谱等统计分析，根据神经网络算法等能够自动识别放电故障类型，根据放电类型的统计分析对

出现的局部放电缺陷进行风险分析，提供相应的维修策略支持。

（2）SF_6气体监测。目前 GIS（HGIS）的压力监测仪表只具有压力极低远程报警功能，压力值不能远程上传，只有靠人工周期性检查完成。在出现 SF_6 气体泄漏时的初始阶段，由于范围大、仪表多很难及时发现。安装 SF_6 水密度在线监测，可以实时观察各间隔气体微水、温度值、压力值，在泄漏的初始阶段发现并进行维修。能实时上传 GIS 内部 SF_6 气体湿度、温度等信息，形成统计趋势，可以根据各项条件进行检索分析。

（3）视频监控安装。在 GIS（HGIS）两侧带有广角云台的视频监控系统可以实现工作人员在主控室完成例行巡视，了解现场环境、设备外观和工作状态。视频监控由安装在电控数字化云台上的高清晰度摄像机完成。云台可水平连续旋转和俯仰角度调整，选择合适的监测位置和监测点数量，确保能够全面监测整个区域。

3.1.2　多维度分析系统方案

总体分为数据采集层、IED 装置层、站控层。多维度分析系统架构图如图 3－5 所示。

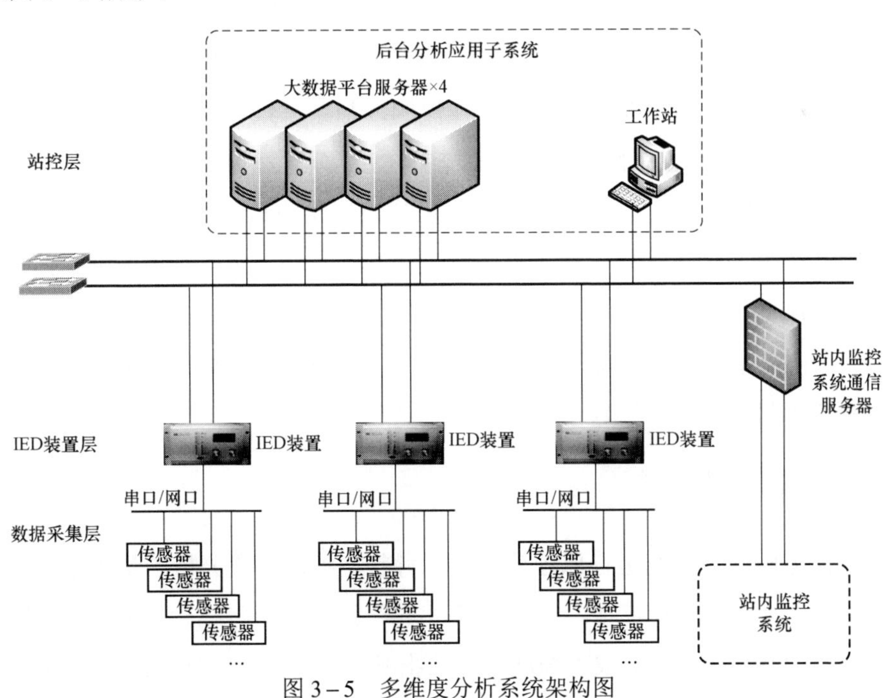

图 3－5　多维度分析系统架构图

IED 装置层满足对下支持红外传感器、可见光图像识别传感器、温湿度传感器的接入，对上采用 IEC 61850 上送数据至站控层智能监控系统，具备网络通信冗余。

站控层汇总采集层数据，同时通过接口形式获取设备运行状态数据，利用嵌入的人工智能算法实现换流站的多维度分析和状态评估，辅助运维人员对换流站设备的运行工况进行在线分析和决策。

3.2 换流阀及换流阀冷却系统运维管理

3.2.1 问题提出

换流阀冷却系统能够通过热量交换将换流阀上各元件功耗产生的热量排放到阀厅外，保证换流阀在正常温度范围运行。换流阀冷却系统能否正常工作将影响整个高压直流输电系统（HVDC）的安全运行。目前阀冷却系统运行状态的评估主要依赖于各类传感器、测量元器件所提供的监测数据信息，与阈值进行对比判断，以确定是否发出告警信息或根据逻辑设定来进行联动。由于设备运行环境和工况的差异性，目前相关运行规范设定的阈值在异常诊断方面具有一定的局限性。且受负荷、温度、换流阀冷却系统组件缺陷等因素的影响，换流站换流阀冷却系统的异常有时被掩盖在正常监控信号的波动中而难以识别。在换流阀冷却系统实际运维过程中，虽然换流阀冷却系统监测参数比较多，但多基于部分监测信息独立评估系统运行状态，运维决策信息不充分。此外，单纯采用阈值或变化率的方法进行缺陷诊断，算法逻辑单一，人工智能应用不充分。在换流站高温高负荷运行的极端工况下，换流阀冷却系统的冷却能力是否充裕难以量化评估。

3.2.2 研究模型和方法

在换流阀冷却系统运行原理分析及多种状态检测手段分析的基础上，扩展数据源，建立多源信息模型。定义换流阀冷却系统冷却能力，从不同维度上建立冷却能力量化模型，形成冷却能力评估指标。研究多维度时序趋势分析和相

关性分析算法，建立多维度分析的换流站换流阀冷却系统缺陷预警模型，通过仿真训练实现冷却能力的量化评估以及异常趋势波动的识别。

3.2.2.1　多源数据信息模型

换流阀冷却系统包括为内冷水系统和外冷水系统，内冷水循环系统由循环泵、膨胀水箱、内冷水管道等构成；外冷水循环系统则由喷淋泵、冷却塔及其风扇、喷淋水池等构成。内冷水系统采用密闭式循环方式实现换流阀散热。外冷水系统采用开放式循环方式，通过喷淋泵对内冷水管道进行喷淋散热，同时利用冷却塔风扇将交换的热量排出。换流阀冷却系统结构如图 3－6 所示。

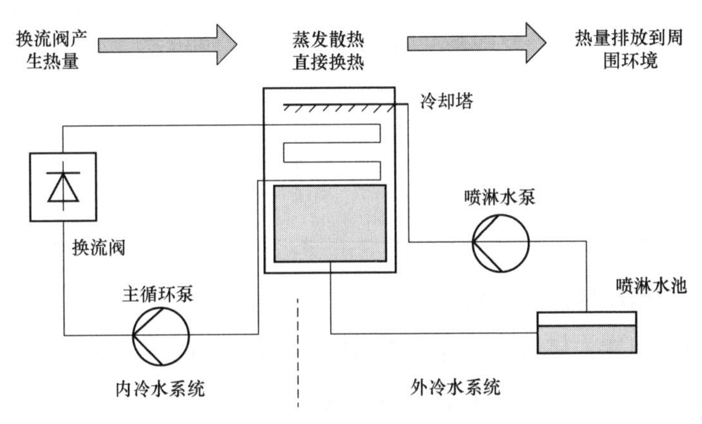

图 3－6　换流阀冷却系统结构

影响换流站换流阀冷却系统运行的因素较多，包括换流阀冷却系统运行状态、环境温度、设备负荷等。根据换流阀冷却系统内冷水系统、外冷水系统和运行环境等数据，扩展数据来源，增加信息维数，建立关键设备多源信息模型，关键设备信息模型如表 3－1 所示。数据模型包括有监测数据、缺陷数据以及检测数据。从不同影响因素的监测数据维度分析换流阀冷却系统冷却能力。

表 3－1　　　　**关键设备信息模型**

序号	数据结构	状态量
1	内冷水系统	（1）监测数据：入水温度、出水温度、进阀压力、内冷水电导率。 （2）缺陷数据：缺陷部位、缺陷类型/原因、缺陷现象、严重程度。 （3）检测试验数据：红外异常发热（01 变量）

续表

序号	数据结构	状态量
2	主循环泵	（1）监测数据：运行功率、内冷水流量、主泵出水压力。 （2）缺陷数据：设备类型、缺陷部位、缺陷类型/原因、缺陷现象、严重程度。 （3）检测试验数据：红外异常发热（01 变量）
3	膨胀水箱	（1）监测数据：膨胀水箱水位。 （2）缺陷数据：缺陷部位、缺陷类型/原因、缺陷现象、严重程度。 （3）检测试验数据：红外异常发热（01 变量）
4	冷却塔	（1）监测数据：冷却塔风扇功率。 （2）缺陷数据：缺陷部位、缺陷类型/原因、缺陷现象、严重程度。 （3）检测试验数据：红外异常发热（01 变量）
5	外冷水系统	（1）监测数据：外冷水水池水位、外冷水电导率。 （2）缺陷数据：缺陷部位、缺陷类型/原因、缺陷现象、严重程度。 （3）检测试验数据：红外异常发热（01 变量）
6	运行环境	阀厅温度、阀厅湿度
7	台账数据	冷却系统额定冷却容量、阀体额定进水温度、进水温度报警值和跳闸值、主循环冷却水额定流量、阀内冷水流量报警值和跳闸值、正常（主循环）电导率值、正常（去离子）电导率值、冷却塔额定冷却容量、进阀压力限值、主泵出口压力限值等

3.2.2.2 换流阀冷却能力建模

换流阀冷却能力储备是考虑入水温度、膨胀水箱水位、电导率等因素影响下换流阀正常运行而需要增加的冷却容量，指标定义为

$$P_c = 1 - P_x / P_N \tag{3-1}$$

式中：P_c 为换流阀冷却能力储备；P_x 为换流阀冷却负荷；P_N 为冷却系统额定冷却容量。

换流阀冷却能力受多元因素影响，如内冷水入水温度、水位变化、电导率参数超定值时，冷却能力储备不足直接引起直流系统跳闸；直流高负荷及环境温度的上升影响冷却性能；阀厅空调影响换流阀冷却系统换热效率。因此针对多元影响因素建立冷却能力储备量化模型。

对于 t 时刻内冷水入水温度 T_t，冷却能力储备量化模型为$1-T_t/k_1$，k_1 为定值。当内冷水入水温度 T_t 超定值 k_1 或入水温度变化率 $(T_t-T_{t-1})/T_{t-1} > k_{11}$，换流阀冷却系统冷却能力不足；当入水温度小于定值 k_1 且 $(T_t-T_{t-1})/T_{t-1} < k_{11}$ 时，$1-T_t/k_1 > 0$，综合其他因素评估冷却能力。

膨胀水箱水位高低直接影响换流阀冷却系统循环用水是否充足，当水位较低时，水量较少，而设备高负荷运转时，降温用水量增加，可能造成冷却能力储备不足。除去温度对水位的影响，分析 t 时刻标准温度下膨胀水箱水位 W_t，则冷却能力储备量化模型为$1-k_2/W_t$，k_2 为定值。因此当标准温度下膨胀水箱水位小于定值 k_2 或水位变化率$(W_{t-1}-W_t)/W_{t-1}>k_{21}$时，换流阀冷却系统冷却能力不足；当膨胀水箱水位大于定值 k_2 且$(W_{t-1}-W_t)/W_{t-1}<k_{21}$时，综合其他因素评估冷却能力。标准温度下膨胀水箱水位 W_t 的计算式为

$$W_t=\frac{W_T+\alpha\times C/S}{1+\alpha} \tag{3-2}$$

式中：W_T 为温度 T 下的膨胀水箱水位；α 为热膨胀系数；$C/S=\dfrac{(1+\alpha_{T2})W_{T1}-(1+\alpha_{T1})W_{T2}}{\alpha_{T2}(1+\alpha_{T1})-\alpha_{T1}(1+\alpha_{T2})}$，可通过历史数据计算得到。

电导率反映了换流阀冷却系统冷却水的杂质成分，电导率偏高时，杂质含量高，容易堵塞冷却水回路，影响换流阀冷却系统冷却效果。对于 t 时刻电导率 d_t，冷却能力储备量化模型为$1-d_t/k_3$，k_3 为定值。当电导率超定值 k_3 或变化率$(d_t-d_{t-1})/d_{t-1}>k_{31}$时，换流阀冷却系统冷却能力储备不足；当电导率小于定值 k_3 且$(d_t-d_{t-1})/d_{t-1}<k_{31}$时，综合其他因素评估冷却能力。

冷却塔利用通风方式达到降温目的。影响冷却塔冷却能力的因素包括风机转速和变频器电流，变频器用于调节风机转速，风机转速和风机运行功率之间呈线性关系。因此考虑风机运行功率，量化冷却塔当前运行工况下冷却能力储备，简化模型为

$$1-\frac{[(1-u_1)\times P_{e1}+u_1\times P_1]+\cdots+[(1-u_n)\times P_{en}+u_n\times P_n]}{P_e} \tag{3-3}$$

式中：$u_1,\cdots,u_n$ 表示 n 台风机运行状态，取值为 0 或者 1；$P_{e1},\cdots,P_{en}$ 表示 n 台风机额定功率；P_e 为所有风机额定功率之和；$P_1,\cdots,P_n$ 表示 n 台风机运行功率，运行功率为 0 时，表示风机未投运。

进一步考虑直流系统运行负荷和环境温度的影响，则冷却能力裕度计算模型可转化为

$$1-f_p\times\frac{L}{L_{max}}\times\frac{T_{tep}}{T_{tep-max}} \tag{3-4}$$

$$f_{\mathrm{p}}=\frac{[(1-u_1)\times P_{\mathrm{e}1}+u_1\times P_1]+\cdots+[(1-u_n)\times P_{\mathrm{e}n}+u_n\times P_n]}{P_{\mathrm{e}}}$$

式中：L 为直流运行功率；$L_{\max}$ 为最大运行功率；T_{tep} 为当前环境温度；$T_{\mathrm{tep-max}}$ 为最大环境温度。

主循环泵的主要作用是提供用于散热的水循环动力。主泵运行功率 P_{b} 的大小反映了提供循环水流量的大小，考虑负荷功率和环境温度的影响，当前工况下冷却能力裕度计算模型为

$$1-B_{\mathrm{p}}\times\frac{L}{L_{\max}}\times\frac{T_{\mathrm{tep}}}{T_{\mathrm{tep-max}}} \tag{3-5}$$

$$B_{\mathrm{p}}=\frac{[(1-v_1)\times P_{\mathrm{Be}1}+v_1\times P_{\mathrm{B}1}]+\cdots+[(1-v_n)\times P_{\mathrm{Be}n}+v_n\times P_{\mathrm{B}n}]}{P_{\mathrm{Be}}}$$

式中：$v_1,\cdots,v_n$ 表示 n 台水泵运行状态，取值为 0 或者 1；$P_{\mathrm{Be}1},\cdots,P_{\mathrm{Be}n}$ 表示 n 台水泵额定功率；P_{Be} 为所有水泵额定功率之和；$P_{\mathrm{B}1},\cdots,P_{\mathrm{B}n}$ 表示 n 台水泵运行功率，运行功率为 0 时，表示水泵未投运。

根据上述不同影响因素冷却能力量化的模型，得到冷却能力量化评估流程。不同出水温度下膨胀水箱水位趋势如图 3－7 所示。

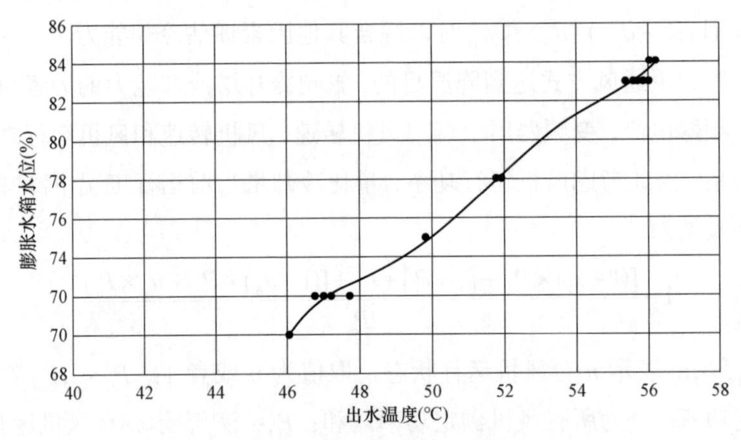

图 3－7　不同出水温度下膨胀水箱水位趋势

3.2.2.3　换流阀冷却系统异常分析

（1）电导率异常趋势识别。电导率反映了离子交换器、主过滤器运行状况。运行规程一般规定了电导率限值，但电导率未达告警值是否存在异常，需进一步分析判断。利用时序趋势分析方法，基于换流站四组换流阀冷却系统监

测数据，分析内冷水导电率 d 变化趋势。在电导率未超定值时，计算趋势分析量化值 $\sum_{t=1}^{n}(x_{t+1}-x_t)$ 和四组换流阀冷却系统电导率均方差，当 $\sum_{t=1}^{n}(x_{t+1}-x_t)>\delta$ 或 $|x_t-\bar{x}|>a\bullet\sigma$ 时，电导率序列数据存在异常。一旦识别异常，则预警，提示运维人员对离子交换器回路、主过滤器进行检查，提高对设备异常前期征兆的敏感性及准确性。

（2）入水温度异常识别。入水温度异常反映了冷却塔冷却能力的下降。在高温、高负荷时期，冷却塔风机全功率运行，由于换流阀结构的一致性（高端阀组、低端阀组有轻微区别），各阀组的换流阀冷却系统运行参数数值、变化特征基本一致，在入水温度未超定值时，通过分析不同阀组运行功率和入水温度之间的相关性，对比不同时间尺度下同一阀组和不同阀组之间的相关性，当相关系数 $\mathrm{dcor}_1(x_j,x_i)<\delta_1$ 则入水温度数据有异常。当不同阀组之间的入水温度差值大于阈值时，即 $|x_{j1}-x_{j2}|>\delta_2$，则阀组间入水温度存在偏差，诊断为异常。

（3）内冷水回路渗漏识别。由于水的热膨胀特性，膨胀水箱水位和出水温度直接相关，如图 3－7 所示，通过标准温度下水位的换算排除温度的影响。当 $(W_{t-1}-W_t)/W_{t-1}>k_{21}$，膨胀水箱水位相比上一时间段改变较大，水位异常，该单级阀冷可能存在漏水情况。令双极水位偏差 $\Delta W=|W_1-W_2|$，其中 W_1 和 W_2 为极 1 和极 2 对应的标准温度水位。当 t 时刻和 $t-1$ 时刻的双极水位差 $|\Delta W_t-\Delta W_{t-1}|>\delta_4$ 时，膨胀水箱水位相比上一时间段改变较大，水位异常，则某一级出现漏水情况。渗漏识别流程如图 3－8 所示。

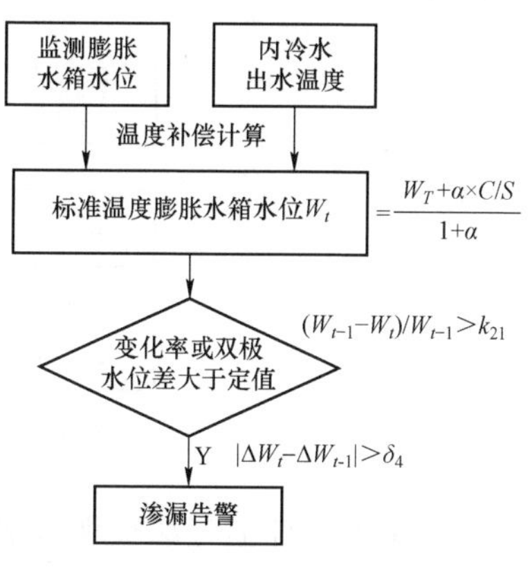

图 3－8　渗漏识别流程

（4）冷却能力储备预警。根据冷却能力储备量化模型，定义入水温度、膨胀水箱水位、电导率、冷却塔冷却能力、主循环泵冷却能力储备 5 类评估指标。当入水温度、膨胀水箱水位和电导率任一指标超出定值时，换流阀冷却系统冷却能力储备都不足，在上述 3 个指标满足要求的前提下，冷却塔和主循环泵的冷却能力储备评估才有意义。因此采用两层冷却能力储备评估架构，第一层优先分析入水温度、膨胀水箱水位和电导率 3 个关键指标，在上述 3 个指标满足定值要求的情况下，分析第二层入水温度、膨胀水箱水位、电导率、冷却塔和主循环泵冷却能力。冷却能力储备预警流程如图 3-9 所示。

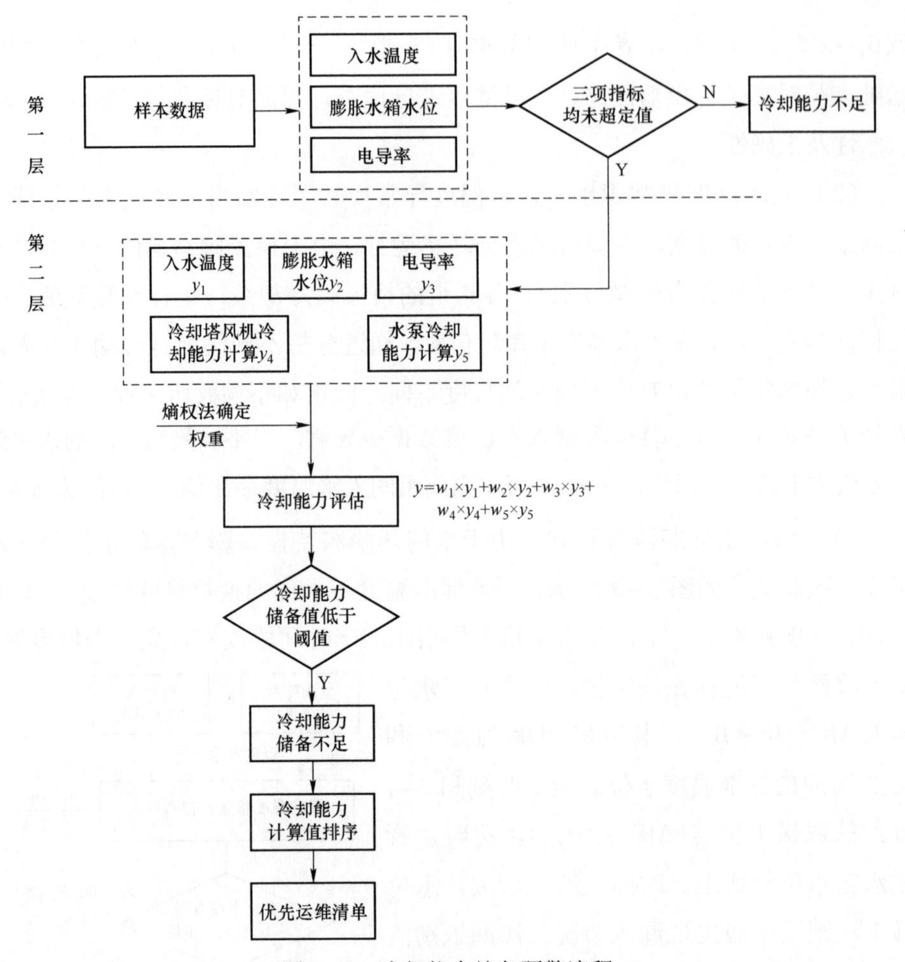

图 3-9 冷却能力储备预警流程

采用加权评估方法实现入水温度、膨胀水箱水位、电导率、冷却塔和主循环泵冷却能力储备的评估，如式（3-6）所示。若冷却能力储备不足时，对入水温度、膨胀水箱水位、电导率、冷却塔和主循环泵各评估指标量化 $y_1,\cdots,y_k$ 的冷却能力储备值进行动态排序，$\min(y_1,\cdots,y_k)$ 对应的评估指标即为运维重点关注状态量。

$$y=w_1\cdot y_1+\cdots+w_k\cdot y_k \tag{3-6}$$

式中：$y_1,\cdots,y_k$ 为各个评估指标计算结果；$w_1,\cdots,w_k$ 为不同评估指标的权重值；

k 为冷却能力储备评估指标数量。

利用客观的熵值法确定不同评估指标权重。熵权越小，表明该评估指标贡献越大，权值越大。计算公式为

$$y'_{zj}=\frac{y_{zj}}{\sum_{z=1}^{l}y_{zj}} \tag{3-7}$$

式中：l 表示不同时刻换流阀冷却系统监测状态量的样本数量；y_{zj} 为储备容量评估结果值；y'_{zj} 为第 j 个冷却能力储备评估量下 z 时刻监测数据所占比重。

第 j 个特征参数的熵权 E_j 可表示为

$$E_j=-\frac{1}{\ln k}\sum_{z=1}^{l}y'_{zj} \tag{3-8}$$

指标 j 权重为

$$w_j=\frac{1-E_j}{n-\sum_{z=1}^{l}E_j} \tag{3-9}$$

最后得到权重 $W=[w_1,w_2,\cdots,w_k]$。

3.2.2.4　差异化状态评价

国家电网公司及南方电网公司根据实践经验，各自形成《输变电设备状态评价导则》，规范统一了状态评价的术语及基本因素。广东电网公司在状态评价与风险评估技术导则中给出设备状态评价的定义：基于运行巡视、维护、检修、预防性试验和带电测试（在线监测）等结果，对反映设备健康状态的各状态量指标进行分析评价，从而确定设备状态等级。设备状态的评价应该基于巡检及例行试验、诊断性试验、在线监测、带电检测、家族缺陷、不良工况等状态信息，包括其现象强度、量值大小以及发展趋势，结合与同类设备的比较，做出综合判断。

1. 基于扣分制的换流阀冷却系统状态评价

根据状态评价导则，状态评价采用扣分值，在满分为 100 分的基础上减去状态量扣分值，即为设备当前的状态评价分值。分值越高，表明设备的健康程度越高，其中的状态量扣分值由状态量劣化程度和状态量权重共同决定。

状态量对换流阀冷却系统安全运行的影响程度，从轻到重分为四个等级，对应的权重分别为权重 1、权重 2、权重 3、权重 4，其系数为 1、2、3、4。

权重 1、权重 2 与一般状态量对应，权重 3、权重 4 与重要状态量对应。

视状态量的劣化程度从轻到重分为四级，分别为Ⅰ、Ⅱ、Ⅲ、Ⅳ级。其对应的基本扣分值为 2、4、8、10 分。内、外冷水系统状态量的权重、劣化程度及对应扣分表如表 3－2 和表 3－3 所示。

状态量应扣分值由状态量劣化程度和权重共同决定，即状态量扣分值等于该状态量的基本扣分值 S_i 乘以权重系数 W_i。状态量正常时不扣分。状态评分结果即为 $P=100-\sum S_i \times W_i$。

表 3－2　　内冷水系统状态量的权重、劣化程度及对应扣分表

序号	状态量			劣化程度	基本扣分值	判断依据	权重系数
	分类	部位	状态量名称				
1	家族	家族缺陷	同厂、同型、同期设备的故障信息	Ⅲ	8	严重缺陷未整改的	2
				Ⅳ	10	危急缺陷未整改的	2
2	运行巡检	内冷水系统	密封性	Ⅲ	8	阀门、法兰连接处渗水	2
3			连接部件	Ⅳ	10	连接部件松动，有渗水现象	2
4		主循环泵、补水泵	异常振动和声音	Ⅱ	4	运行设备异常振动或存在声响	2
5			轴密封	Ⅲ	8	轴密封渗水	2
6						轴密封漏水	4
7			红外测温	Ⅳ	10	主循环泵、电动机等定期红外测温相互比对温差 15K	3
8		膨胀罐、除氧罐	外观检查	Ⅱ	4	罐体（箱体）表面有局部损伤或裂痕	1
9			压力	Ⅳ	10	压力异常，正常 10%以上	3
10		过滤器（主水回路、水处理回路）	外观检查	Ⅱ	4	过滤器表明有局部损伤或裂痕	1
11			板卡	Ⅳ	10	屏柜内板卡告警灯亮	4
12			漏水监视	Ⅳ	10	漏水监视报警	4
13		水回路	压力测量表计（压差）	Ⅳ	10	压力异常，同位置相互对比超过 10%	3
14			流量测量表计	Ⅳ	10	流量异常，同位置相互对比超过 10%	3

续表

序号	状态量			劣化程度	基本扣分值	判断依据	权重系数
	分类	部位	状态量名称				
15	运行巡检	水回路	电导率测量表计	Ⅳ	10	电导率异常，同位置相互对比超过10%	3
16		离子交换器	外观检查	Ⅱ	4	罐体表面有局部损伤或裂痕	1
17			电导率显示装置	Ⅲ	8	电导率异常，正常10%以上	3
18		就地电源控制盘	电源盘	Ⅱ	4	内部断路器、接触器有异常声音	3
19			变频器	Ⅲ	8	变频器告警	4
20			防潮及透气	Ⅱ	3	屏柜锈蚀或有渗水	2
21		阀漏水检测装置	漏水监视	Ⅳ	10	漏水监视报警	4
22	检修试验	主循环泵、补水泵	轴同心	Ⅳ	10	泵和电动机的轴不同心	4
23			电动机对地绝缘和相间电阻	Ⅳ	10	小于1MΩ，相间电阻相差10%以上	3
24			振动检测	Ⅳ	10	有异常振动	3
25		控制保护屏柜	绝缘电阻	Ⅳ	10	小于1MΩ	3
26		就地电源控制盘	绝缘电阻	Ⅳ	10	小于1MΩ	3

表3-3　　外冷水系统状态量的权重、劣化程度及对应扣分表

序号	状态量			劣化程度	基本扣分值	判断依据	权重系数
	分类	部位	状态量名称				
1	家族	家族缺陷	同厂、同型、同期设备的故障信息	Ⅲ	8	严重缺陷未整改的	2
2				Ⅳ	10	危急缺陷未整改的	2
3	运行巡检	外冷却	密封性	Ⅲ	8	阀门、法兰连接处渗水	4
4			连接部件	Ⅳ	10	连接部件松动，有渗水现象	3
5		喷淋泵、高压泵	异常振动和声音	Ⅱ	4	运行设备异常振动或存在声响	2

续表

序号	状态量			劣化程度	基本扣分值	判断依据	权重系数
	分类	部位	状态量名称				
6	运行巡检	喷淋泵、高压泵	轴密封	Ⅲ	8	轴密封渗水	2
7						轴密封漏水	4
8			压力	Ⅳ	10	压力异常，正常值10%以上	3
9			红外测温	Ⅳ	10	主循环泵、电动机等定期红外测温相互比对温差15K	2
10		过滤器	外观检查	Ⅱ	4	过滤器表面有局部损伤或裂痕	1
11		水回路	压力测量表计(压差)	Ⅳ	10	压力异常，同位置相互对比超过10%	3
12			流量测量表计	Ⅳ	10	流量异常，同位置相互对比超过10%	3
13			温度测量表计	Ⅳ	10	温度异常，同位置相互对比超过10%	3
14		冷却塔	风扇	Ⅲ	8	有异常振动及噪声	2
15			控制装置	Ⅳ	10	控制装置面板有告警	4
16		反渗透膜管	外观检查	Ⅱ	4	表面有局部损伤或裂痕	1
17		平衡水池、盐池及盐水井	清洁	Ⅱ	4	内部断路器、接触器有异常声音	1
18			水位传感器及表计	Ⅳ	10	变频器告警	3
19			排污泵、潜水泵	Ⅲ	8	屏柜锈蚀或有渗水	2
20		风冷系统	风冷散热器	Ⅱ	4	风冷散热器翅片积灰严重	4
21			风冷风扇	Ⅲ	8	有异常振动及噪声	4
22		冷却塔	喷头及滤网	Ⅱ	4	喷头损坏、堵塞；冷却树脂挡板破损，冷却塔下部回流口滤网损坏	3
23	检修试验	喷淋泵、高压泵	电机对地绝缘和相间电阻	Ⅳ	10	小于1MΩ，相间电阻相差10%以上	4
24			散热管	Ⅱ	4	散热管清洁结垢	2
25		平衡水池	排污泵电机对地绝缘	Ⅱ	4	小于1MΩ	2

2. 基于熵值法的换流阀冷却系统监测状态量评价

针对换流站换流阀冷却系统监测的状态量，当前状态评价导则中并未完全涵盖，且对应反映换流阀冷却系统冷却性能的电气量无法通过观察直接发现，因此采用熵值法进行评价。

（1）状态评价指标。当前换流阀冷却系统监测的状态量包括有入水温度、出水温度、电导率、水流量、膨胀水箱水位、外冷水水池水位、阀厅温度、环境温度。

（2）客观权重计算模型。熵值法是用来分析大量数据，根据其离散程度决定其结果的数学方法。即某指标的离散程度越大，其对综合评价的影响越大，得到的该项指标的权重也就越大。

由于监测量量纲不同，需对数据进行归一化和标准化。对于越大越好的指标，如水流量，采用改进的数据归一化方法。设定评价指标的参数最佳运行范围的下限 x_l，当指标值 x_{ij} 在“最佳范围”时，归一化结果为 1，而当个体的指标值 x_{ij} 偏离“最佳范围”时，归一化结果将会减小，直到小于正常范围的最小值 $x_{j,\min}$ 时取到 0。

$$f_{ij}=\begin{cases}0\ , & x_{ij}\leqslant x_{j,\min}\\ \mathrm{e}^{\frac{x_l-x_{ij}}{x_{j,\min}-x_{ij}}}, & x_{j,\min}<x_{ij}<x_l\\ 1\ , & x_l\leqslant x_{ij}\end{cases}\tag{3-10}$$

同样，对于越小越好的指标，如入水温度，归一化方法如式（3-11），设定评价指标的参数最佳运行范围的上限 x_{u}，当个体的指标值 x_{ij} 在“最佳范围”时，归一化结果为 1；而当个体的指标值 x_{ij} 偏离“最佳范围”时，归一化结果将会减小，直到大于正常范围的最大值 $x_{j,\max}$ 时取到 0。

$$f_{ij}=\begin{cases}0\ , & x_{j,\max}\leqslant x_{ij}\\ \mathrm{e}^{\frac{x_u-x_{ij}}{x_{j,\min}-x_{ij}}}, & x_{\mathrm{u}}<x_{ij}<x_{j,\max}\\ 1\ , & x_{ij}\leqslant x_{\mathrm{u}}\end{cases}\tag{3-11}$$

对于在一定范围内正常的指标，如膨胀水箱水位，采用改进的数据归一化方法如式（3-12），该型指标只在更小的范围内归一化后值为 1，大于或小于该范围的数据归一化后的值都将小于 1。

$$f_{ij}=\begin{cases}0\quad, & x_{ij}\leqslant x_{j,\min}\\ \mathrm{e}^{\frac{x_l-x_{ij}}{x_{j,\min}-x_{ij}}}, & x_{j,\min}<x_{ij}<x_l\\ 1\quad, & x_l\leqslant x_{ij}\leqslant x_{\mathrm{u}}\\ \mathrm{e}^{\frac{x_{\mathrm{u}}-x_{ij}}{x_{j,\min}-x_{ij}}}, & x_{\mathrm{u}}<x_{ij}<x_{j,\max}\\ 0\quad, & x_{j,\max}\leqslant x_{ij}\end{cases}\tag{3-12}$$

针对 8 个状态评价指标的 l 个时刻形成原始矩阵

$$\boldsymbol{Y}=\begin{bmatrix}\boldsymbol{x}_{11} & \dots & \boldsymbol{x}_{18}\\ \dots & \dots & \dots\\ \boldsymbol{x}_{l1} & \dots & \boldsymbol{x}_{l8}\end{bmatrix}\tag{3-13}$$

对归一化的数据作标准化处理，可得：$Y'=(y'_{zj})_{l8}$ 其中，$y'_{zj}=\dfrac{y_{zj}}{\sum\limits_{z=1}^{l}y_{zj}}$。

式中：l 表示不同时刻换流阀冷却系统监测状态量的样本数量；y_{zj} 为储备容量评估结果值；y'_{zj} 为第 j 个指标量下 z 时刻监测数据所占比重。

对于第 j 项指标，指标值 x_{ij} 之间差异越大，对综合评价的权值越大，要计算该指标的权值，需要先计算熵权 E_j，计算公式为

$$E_j=-\frac{1}{\ln l}\sum_{z=1}^{l}y'_{zj}\ln(y'_{zj})\tag{3-14}$$

指标 j 权重为

$$w_j=\frac{1-E_j}{8-\sum\limits_{j=1}^{8}E_j}$$

最后得到权重

$$W=[w_1,w_2,\cdots,w_k]$$

则状态评价结果即为

$$C_i=\sum_{j=1}^{8}f_{ij}w_j, 0\leqslant C_i\leqslant 1$$

3. 综合评价

综合扣分制和改进熵权法得到换流阀冷却系统的评价结果，则综合评价结果可表示为

$$S = (P + 100C_i) / 2 \quad (3-15)$$

根据状态评价标准评估设备状态，并结合状态检修导则提供对应检修策略。状态评价标准、状态评价结果及检修策略如表 3–4 和表 3–5 所示。

表 3–4　　状态评价标准

部件评价标准	正常状态	注意状态		异常状态	严重状态
	合计扣分	合计扣分	单项扣分	单项扣分	单项扣分
内冷水系统	<30	≥30	12～16	20～24	≥30
外冷水系统	<30	≥30	12～16	20～24	≥30

表 3–5　　状态评价结果及检修策略

设备状态	推荐策略			
	正常状态	注意状态	异常状态	严重状态
检修策略	执行 C 类检修	执行 C 类检修	根据评价结果确定检修类型	根据评价结果确定检修类型
推荐周期	正常周期或延迟 1 年	不大于正常周期	适时安排	尽快安排

3.2.2.5　换流阀冷却系统差异化运维策略分类

设备差异化运维策略是基于设备健康度和重要度来制定的，设备的健康状况受设备电压等级、装置形式、自动化程度、运行年限、缺陷及检修情况、运行工况、家族缺陷、反措执行情况、负荷水平、环境等影响，而设备的重要度自设备投运后受电网运行方式变化、保供电要求等影响。可以将影响一次设备差异化运维策略的因素归纳为以下四个方面：

（1）气象突变：当设备遭受强对流天气、台风侵袭等情况时，需要及时调整运维策略进行应对。

（2）保供电、迎峰度夏：供电企业承担着很大的社会责任，在特殊时期需要百分百保证电力供应，要求运行人员对相关设备加大运维力度。例如高考期间、全国两会期间、春节等节假日期间、大型群众性活动期间、迎峰度夏期间，需要运行人员对相关设备进行保供电运维。

（3）电网风险变化：电网运行方式受设备倒闸操作、潮流变化、负荷分布等的影响，运行方式的变化必然会引起电网风险的变化，进而影响设备的重要度。

（4）设备的变化：通过日常巡视、特殊巡视、专业巡视、监察巡视、定期维护、停电检修、高压试验、在线监测等手段对设备进行全方位、全过程、立体式的运维，基本可以掌握设备的运行工况和健康程度，当设备出现问题时，例如检修、试验发现设备缺陷，及时对缺陷情况进行分析评估，运维策略做出相应调整。

从设备健康度和重要度两个维度划分设备管控级别，结合当前设备正常运维和特殊运维方式，遵循“正常运行按时查，高峰、高温重点查，天气突变及时查，重点设备专项查，薄弱设备仔细查”的原则，换流阀冷却系统差异化运维可分为周期性巡视、主泵自动切换后巡视，根据维修投运情况重点巡视，开展特殊天气的季节性巡视、异常状态重点巡视、极端工况下重点巡视、家族缺陷重点运维、预测缺陷重点运维和延长周期的巡视。

1. 周期性巡视

结合当前换流站运行规程，换流阀冷却系统周期性巡视项目如表3－6所示。

表3－6　　换流阀冷却系统周期性巡视项目

序号	项目		方法	参考范围
1	电导率	主水回路	在电导率表计前方读数	表计完好，读数为0.10～0.14μS/cm，小于0.50μS/cm
		离子交换器	在电导率表计前方读数	表计完好，读数为0.06～0.11μS/cm，小于0.45μS/cm
		外冷水池	在电导率表计前方读数	表计完好，读数小于1750μS/cm
2	水位	膨胀水箱	在膨胀水箱水位表计前方读数	表计完好，读数为30%～70%，小于95%
		外冷水池	在外冷水池水位表计前方读数	表计完好，读数小于85%～95%
		补水箱	打开补水箱，观察水位	无漏水，水位高于22.5%，40L

续表

序号	项目		方法	参考范围
3	温度	进水	在进水温度表计前方读数	表计完好，读数小于 47℃
		出水	在出水温度表计前方读数	表计完好，读数小于 55℃
4	压力		在主水压力表计前方读数	表计完好，内冷水读数 400kV 大于 7.2bar，800kV 大于 8.3bar
5	阀门		观看各阀门位置	位置指示正确
6	管道		观看主水管道接口	清洁、无漏水
7	循环泵		在循环泵前看	无漏水，无漏油
			用手背接触外壳	无过热、无振动过大
			耳朵仔细听	无异常声音
8	补水泵		在补水泵前看	无漏水
			用手背接触外壳	无过热、无振动过大
			耳朵仔细听	无异常声音
9	喷淋泵		在喷淋泵上面看	无漏水
			用手背接触外壳	无过热、无振动过大
			耳朵仔细听	无异常声音
10	冷却塔风机		耳朵仔细听	无异常声音
			打开喷淋塔小门观察	皮带无松动断裂
11	喷淋塔及漏网		观察	喷淋塔及漏网无异物

2. 主泵自动切换后巡视

（1）主循环泵切换 1h 内，检查循环泵运行是否正常，有关表计指示是否正常。

（2）主泵是否在设定时间定时切换。

3. 根据维修投运情况重点巡视

主循环泵、喷淋泵、冷却塔风扇、阀冷控制系统等设备经过检修、技术改造或长期停用后重新投入系统运行或新安装设备加入系统运行时，须重点巡视。重点巡视包括：

（1）阀冷却设备声音应正常，如发现响声不均匀或异常声响，应认为相应

设备内部有故障。

（2）水位变化应正常，如发现水位异常应及时查明原因。

（3）水阀门位置应正确，水回路的流量在正常范围内。

（4）水温变化应正常，换流阀解锁后，水温应缓慢上升。

4. 特殊天气巡视

（1）气温骤变时，膨胀水箱水位是否有明显变化，是否有渗漏现象。

（2）雷雨、冰雹后，冷却塔风扇有无异常声音，有无杂物。

（3）室外气温低于0℃，检查阀冷却系统管道内有无结冰现象。

（4）高温天气应检查水温、水位、传感器是否正常。

（5）暴雨后检查排水泵抽水是否正常，喷淋泵是否运行正常。

5. 异常状态重点巡视

换流阀冷却系统设备有严重缺陷（如主循环泵、冷却塔失去冗余、内冷水回路漏水等）或缺陷有进一步恶化的趋势时，对设备进行重点巡视，基于监测状态量和运维巡视结果，异常状态判断方法及运维策略如表3－7所示，缺陷/故障处理如表3－8所示。

表3－7　　异常状态判断方法及运维策略

<table>
<tr><th>序号</th><th>状态量</th><th>设备</th><th>单位</th><th>方法</th><th>判据</th><th>缺陷原因</th><th>维护/检修策略</th></tr>
<tr><td>1</td><td>内冷水入水温度</td><td>内冷水系统</td><td rowspan="2">℃</td><td rowspan="2">（1）月最大值、年最大值纵向比较。
（2）横向比较</td><td rowspan="2">（1）月最大值、年最大值呈上升趋势，且明显大于平均值。
（2）横向比较出现明显差异</td><td rowspan="2">冷却塔热力性能下降</td><td rowspan="2">（1）检查冷却塔运行情况。
（2）测量喷淋水流量。
（3）开展冷却塔及外冷水管道清洗。
（4）更换外冷水管道、冷却塔喷头、填料</td></tr>
<tr><td>2</td><td>内冷水出水温度</td><td>内冷水系统</td></tr>
<tr><td>3</td><td>内冷水电导率</td><td>内冷水系统</td><td>μS/cm</td><td>（1）纵向比较。
（2）横向比较</td><td>呈上升趋势，且明显大于平均值</td><td>（1）离子交换器异常。
（2）去离子旁路回路阀门异常。
（3）补水电导率过高</td><td>（1）隔离异常的离子交换器。
（2）停止补水，检查补水电导率，更换补水</td></tr>
<tr><td>4</td><td>内冷水流量</td><td>主泵</td><td>L/s</td><td>（1）纵向比较。
（2）横向比较</td><td>呈下降趋势</td><td>主泵异常</td><td>切换主循环泵</td></tr>
</table>

续表

序号	状态量	设备	单位	方法	判据	缺陷原因	维护/检修策略
5	膨胀水箱水位	膨胀水箱	%	根据进阀温度聚类分析，温度补偿后纵向、横向比较	（1）呈下降趋势，且明显小于月平均值。 （2）横向比较出现明显差异	内冷水系统管道漏水	对内冷水系统管道进行检查

表 3－8　　缺陷/故障处理原则

序号	故障情况分类	风险分析	处置原则
1	内冷水漏水、膨胀水箱水位低	若漏水点在阀塔设备上，可能造成阀塔设备短路烧毁； 若漏水点在其他位置，也可能因漏水速度过快而导致膨胀水箱水位低跳闸	（1）明确判断现场确有漏水点。 （2）若漏水点在阀塔设备上则申请立即停运，否则采取必要措施排除或隔离漏水点。 （3）若启动补水泵或关闭冷却塔阀门等可维持水位，则经站长许可后，申请尽快停运。 （4）若措施无效，漏水进一步恶化，则申请立即停运，并告知调度由于下降较快，膨胀水箱水位下降至跳闸值加 1%时将手动 ESOF。 （5）漏水加剧，膨胀水箱水位降至跳闸值加 1%时，值班负责人手动 ESOF 相应极（阀组）
2	喷淋泵坑被淹、外冷水池无水、外冷却塔故障等导致内冷水温度升高	内冷水温度过高，阀塔设备过热损毁	（1）明确判断现场确有故障。 （2）采取必要措施可控制水温升高，则经站长许可后，申请尽快停运处理。 （3）若措施无效，温度进一步升高，则申请立即停运，并告知调度由于温度上升较快，升至跳闸值减 1℃时将手动 ESOF。 （4）若温度上升加剧，达跳闸值减 1℃时，值班负责人手动 ESOF 相应极（阀组）
3	阀冷主水回路压力下降	冷水流速减缓，将导致内冷水冷却效果降低，水温温度升高，进而导致阀塔设备过热损毁	（1）明确判断现场确有故障。 （2）若压力接近告警值，备用泵正常备用情况下，申请切换主循环泵。 （3）若压力低于告警值但稳定，则经站长许可后，申请尽快停运。 （4）密切关注内冷水温度，并参考内冷水温度高处置原则。 （5）对于主水压力低会导致跳闸的站点：若措施无效，压力进一步降低，则经站长许可后申请立即停运，并告知调度压力降低至跳闸值加 0.1bar 时将手动 ESOF。 （6）当压力降至跳闸值加 0.1bar 时，值班负责人手动 ESOF

续表

序号	故障情况分类	风险分析	处置原则
4	阀冷内冷水主水流量低	冷水流速减缓，将导致内冷水冷却效果降低，水温温度升高，进而导致阀塔设备过热损毁	（1）明确判断现场确有故障。 （2）若流量接近告警值，备用泵正常备用情况下，申请切换主循环泵。 （3）若流量低于告警值但稳定，则经站长许可后，申请尽快停运。 （4）密切关注内冷水温度，并参考内冷水温度高处置原则。 （5）对于主水流量低会导致跳闸的站点：若措施无效，压力进一步降低，则经站长许可后申请立即停运，并告知调度流量降低至跳闸值加 50L/min 时将手动 ESOF。 （6）当流量降至跳闸值加 50L/min 时，值班负责人手动 ESOF
5	内冷水电导率持续上升	内冷水离子浓度增大，可能引起内部放电导致内冷水管道击穿，引发漏水	（1）明确判断现场确有故障。 （2）采取必要措施可控制电导率升高，则经站长许可后，申请尽快停运。 （3）若措施无效，电导率进一步升高，则申请立即停运，并告知调度由于电导率上升较快，升至跳闸值减 0.05μS/cm 时将手动 ESOF。 （4）若电导率上升加剧，达跳闸值减 0.05μS/cm 时，值班负责人手动 ESOF 相应极（阀组）
6	阀冷涉及直流跳闸的关键传感器故障	阀冷关键传感器故障，导致运行人员无法实时监控阀冷运行状况，存在故障后无保护运行风险	（1）只剩一个传感器，则经站长许可后，申请尽快停运。 （2）相关传感器均故障时，分以下两种情况： 1）若可以通过其他参数判断阀冷运行情况，则经站长许可后，尽快申请停运。例如主水回路压力传感器故障，但可通过阀塔压差传感器、主水流量传感器判断阀冷运行情况。 2）若无法通过其他参数判断阀冷运行情况，则立即申请停运。如内冷水电导率传感器、膨胀水箱水位传感器

6. 特殊工况下重点巡视

工况 1：极端功率情况。

基于获取的换流阀冷却系统监测状态量出水温度、电导率、水流量、膨胀水箱水位、外冷水水池水位、阀厅温度、环境温度以及可能达到的极端功率值，输入冷却能力评估算法模型，计算得到工况下入水温度，利用冷却能力储备分析模型，从而判断冷却能力是否存在不足风险，提前消缺。具体指标和措施包括以下几点：

（1）内冷水温度过高时的处理。

1）检查频率控制器运行是否正常；

2）检查喷淋泵、冷却塔风扇和主循环泵运行情况，必要时手动提高冷却塔风扇转速；

3）若温度继续上升，申请调度，降低直流系统负荷，同时继续观察内冷水温度，必要时向总调申请停运。

（2）内冷水电导率高。主回路电导率异常，并且上升比较缓慢，检查离子交换器的阀门是否都已正常打开，并且立即将备用离子交换器的流量开关全部打开，观察其电导率是否缓慢降低。如主回路电导率上升较快，应立即向调度申请该极紧急停运。如主回路电导率一块表显示电导率高，另一块显示正常，可立即通知维护人员进行检查。

（3）外冷水池水位过低。

1）现场检查外冷水池的水位情况。若发现阀冷外冷水水位的确偏低，应立即检查外冷水补水电磁阀是否已自动开启。

2）若外冷水补水电磁阀未自动开启，立即手动开启该阀门，观察补水情况是否正常，并加强监视该极外冷水水位情况及补水电磁阀运行情况，必要时汇报站长并联系维护处理。

3）若外冷水补水电磁阀已开启但外冷水未进行补充，立即关闭双极外冷水泄流阀，同时迅速打开外冷水池盖板，用消防水为该外冷水池补水。

4）迅速至综合水泵房检查工业水泵运行情况，若工业水泵已停运，则迅速开启手动，若开启手动不成功，则检查水泵及电源等情况，尽快恢复工业水泵的运行。

5）外冷水池水位过低造成某极冷却塔停运，则应迅速将该极外冷水补充至超过10%后，按下该极阀冷控制面板上的复位按钮，重新启动停运的冷却塔。

工况2：风机无法全部投运。

在满功率运行情况下，基于获取的当前状态下出水温度、电导率、水流量、膨胀水箱水位、外冷水水池水位、阀厅温度、环境温度，预测得到入水温度，并利用冷却能力评估模型，计算风机 $N-1$ 和 $N-2$ 情况下冷却能力储备情况，若不足，提前采取措施，具体措施包括以下几点：

（1）检查风扇电机电源小开关是否跳闸，如跳闸则试合一次，如未跳，则打开阀冷控制屏屏柜门，按下相应停运变频控制器复归按钮。

（2）如停运风扇仍未正常投入运行，则断开相应停运风扇电源小开关，然后再合上。

（3）如停运风扇仍未正常投入运行，则在阀冷控制屏就地操作面板上按下确认按钮。

（4）如停运风扇仍未正常投入运行，则通过强投开关强行投入冷却塔风扇。

（5）若强投开关失效或投入后立即跳开，则根据风扇组数、直流系统输送的负荷以及阀冷进出水温度情况，必要时向总调申请降低直流系统输送的负荷或停运相应极。

工况3：重要保电期间。

在重要保电期间，根据预估负荷大小，基于近7天时间的换流阀冷却系统监测状态量历史数据，利用冷却能力储备量化评估方法，实现未来7天入水温度和冷却能力的预测，从而判断换流阀冷却系统冷却能力储备是否充足。若不足，则及时启动水冷系统异常处置应急预案。根据风扇组数、直流系统输送的负荷以及阀冷进出水温度情况，必要时向总调申请降低直流系统输送的负荷或停运相应极。

7. 家族缺陷重点运维

根据同批次设备发生同类型缺陷的次数以及不同厂家发生同类缺陷的故障率统计情况，得到疑似家族性缺陷的设备、缺陷类型及厂家清单，提供给运维人员。

8. 预测缺陷重点运维

根据换流阀冷却系统运行监测状态量，利用基于大样本拟合的预测算法模型，输入出水温度、电导率、水流量、膨胀水箱水位、外冷水水池水位、阀厅温度、运行功率，预测换流阀冷却系统入水温度的大小，选取相似日监测状态量，即可实现换流阀冷却系统入水温度的短期预测。根据入水温度短期预测值和运维规程规定的阈值，利用多维度时序趋势分析方法，实现入水温度缓慢升高等异常的辨识，提示运维人员重点关注，安排专人监盘，关注内冷水入水温度值，并做好记录。同时对冷却塔、喷淋泵、管道等外冷水设备开展检查。

9. 延长巡视周期

根据监测状态量评价结果，针对周期性运维及试验项目，若满足以下情况，可延长1个周期：

（1）巡检中未见可能危及该设备安全运行的任何异常。

（2）带电检测显示设备状态良好。

（3）上次例行试验与前次例行（或交接）试验结果相比无明显差异。

（4）没有任何可能危及设备安全运行的家族缺陷。

（5）上次例行试验以来，没有经受严重的不良工况。

（6）状态监测数据正常。

3.2.3　案例分析

以穗东换流站为例，该站直流系统包括极 1、极 2 两个极，每个极又分为高、低端阀组，四个阀组各有一套换流阀冷却系统。采用穗东换流站 2018 年 8 月的监测和运维数据进行分析。数据类型包括换流阀冷却系统入水温度、出水温度、电导率、水流量、膨胀水箱水位、外冷水水池水位、阀厅温度、风机运行功率、主循环泵运行功率。

3.2.3.1　异常趋势波动识别

1. 电导率异常趋势识别

基于穗东换流站 2018 年 8 月换流站四组换流阀冷却系统监测数据，分析内冷水导电率 d 变化趋势。趋势分析量化值 $\sum_{t=1}^{174}(x_{t+1}-x_t)$ 和四组换流阀冷却系统电导率标准差如表 3－9 所示。

表 3－9　　趋势量化及标准差计算

系统名称/指标	电导率趋势量化值	电导率标准差
极 1 高端换流阀冷却系统	0.01	0.010 0
极 1 低端换流阀冷却系统	0	0.011 5
极 2 高端换流阀冷却系统	－0.01	0.010 1
极 2 低端换流阀冷却系统	－0.01	0.009 8

由表 3－9 可知，电导率趋势量化值均小于阈值 0.05，系统状态正常。分析电导率监测值与均值的差值，当监测值与均值的差值超出 3 倍标准差值时，系统预警，计算四组换流阀冷却系统电导率 $|x_t-\bar{x}|$，结果均未超出 3 倍标准差，

电导率指标正常。其中极 1 高端阀组电导率偏差如图 3－10 所示。

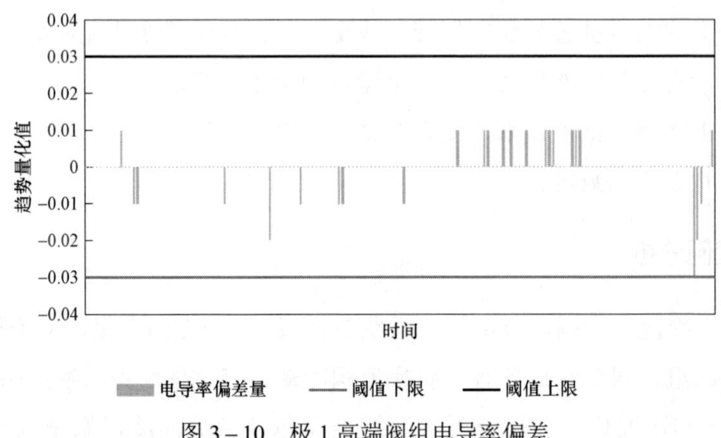

图 3－10　极 1 高端阀组电导率偏差

2. 入水温度异常识别

分析穗东换流站不同阀组运行功率和入水温度之间的相关性，对比不同时间尺度下同一阀组和不同阀组之间的相关系数，当 $dcor_1(x_j,x_i)<\delta_1$ 则入水温度数据有异常。当不同阀组之间入水温度差值大于阈值时，即 $|x_{j1}-x_{j2}|>\delta_2$，则阀组间入水温度存在偏差，诊断为异常。其中 δ_1、δ_2 通过不同时间尺度下历史样本数据获取的相关系数均值来确定，本节中 $\delta_1=0.85$，$\delta_2=0.1$。基于穗东换流站运行监测数据，计算运行功率和入水温度之间的相关系数，如图 3－11 所示。

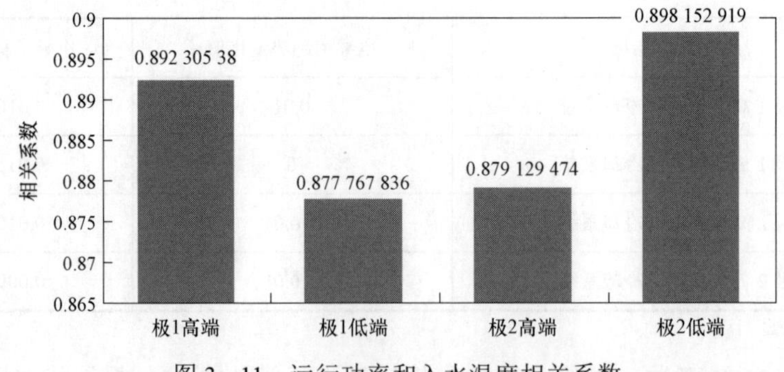

图 3－11　运行功率和入水温度相关系数

由图 3－11 可知，不同阀组运行功率和入水温度间的相关系数大于 0.85，双极之间入水温度差值小于 0.1，各阀组之间变化趋势一致，无异常。

3. 内冷水回路渗漏识别

基于样本数据计算 $\frac{C}{S}=\frac{(1+\alpha_{T2})L_{T1}-(1+\alpha_{T1})L_{T1}}{\alpha_{T1}(1+\alpha_{T1})-\alpha_{T1}(1+\alpha_{T1})}$ 和两极标准膨胀水箱水位。结合现场运维实际，在膨胀水箱水位低于45%时，可能存在漏水、缺水风险，补水泵启动，进行补水，因此将冷却能力量化模型中水箱水位定值取为45%。根据冷却能力的量化模型（$1-k_2/W_t$）计算不同内冷水出水温度下冷却能力，k_2 为45%换算至标准温度下的取值。极1、极2高端阀冷却能力计算如表3－10和表3－11所示。

表3－10　　极1高端阀组冷却能力计算

极1高端内冷水出水温度（℃）	极1高端标准膨胀水箱水位（%）	标准温度下水位定值 k_2（%）	极1冷却能力（%）
52.5	36.94	9.31	0.74
53.3	37.04	8.43	0.77
46.7	36.30	15.53	0.57
40.5	38.07	24.19	0.36

表3－11　　极2高端阀组冷却能力计算

极2高端内冷水出水温度 T（℃）	极2高端标准膨胀水箱水位（%）	标准温度下水位定值（%）	极2冷却能力（%）
50.6	23.23	13.37	0.42
51.1	23.12	12.29	0.46
44.9	23.57	20.61	0.12
39.9	21.76	20.75	0.05

从表3－10和表3－11可知，单极水位变化率在阈值范围内，表中双极水位偏差分别为0.21、1.19、5.58，标准膨胀水箱水位差随时间逐渐增大，最大值为5.58%，超出经验阈值5%，系统预警，极2高端阀组存在轻微漏水情况，提示运维人员。运行人员对内冷水管道开展特巡，进行了加压检漏工作，发现极电抗器内冷水软管存在漏水，用新备品更换后恢复正常，电抗器漏水检查如图3－12所示。有效解决了换流阀冷却系统发生轻微漏水但未达到告警值时隐患的识别。

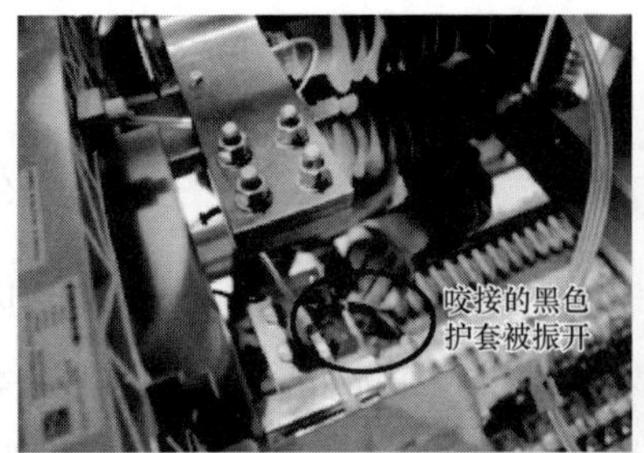

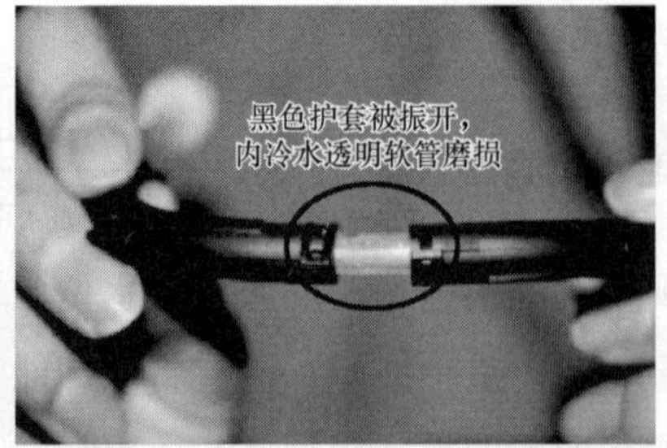

图 3-12　电抗器漏水检查

从表 3-11 可知，极 2 冷却能力最后时段值已接近 0，表示换流阀冷却系统冷却能力不足，系统预警。对比分析双极同一时间断面下，出水温度相差不大，但极 2 膨胀水箱水位远低于极 1 水位，双极水位存在偏差，极 2 水位过低，造成冷却能力储备不足。

3.2.3.2　冷却能力储备量化评估

根据穗东换流站 8 月样本数据，计算入水温度、膨胀水箱水位和电导率 3 个指标冷却能力储备，样本数据中入水温度和电导率的最大值分别为 44.8℃、0.19μS/cm。本节中采用的入水温度和电导率预警值分别为 45℃、0.2μS/cm，入水温度和电导率变化率预警值为 10%、60%。选取穗东换流站极 1 高端换流阀冷却系统运行监测样本数据中某日的 6 个时刻监测数据，膨胀水箱水位指标的计算参见 3.2.3.1 第 3 部分的研究，入水温度、膨胀水箱水位、电导率 3 个指标均未超定值。基于冷却能力储备量化模型实现冷却能力储备的量化的评估。计算入水温度、膨胀水箱水位、电导率指标的冷却能力储备量化结果，如表 3-12 所示。

表 3-12　　冷却能力储备量化结果

时刻	入水温度指标	电导率指标	膨胀水箱水位指标
3:00	0.022	0.25	0.36
7:00	0.038	0.25	0.74
11:00	0.022	0.25	0.77
15:00	0.031	0.25	0.57
19:00	0.031	0.25	0.57
23:00	0.031	0.25	0.57

穗东换流站单套换流阀冷却系统具有 2 台主循环泵，单台额定功率为75kW，每套换流阀冷却系统配置 3 座冷却塔，每座冷却塔配置 2 台风机，单台风机额定功率为 4kW。穗东换流站直流系统单极最大运行功率为 2500MW，样本数据中阀厅温度最高为 39℃。结合现场运维，风机和主循环泵无故障停运情况，根据获取的穗东换流站极 1 高端换流阀冷却系统运行监测数据，分别计算主循环泵和风机的冷却能力储备，计算结果如表 3－13 和表 3－14 所示。

表 3－13　　主循环泵冷却能力储备

时刻	3:00	7:00	11:00	15:00	19:00	23:00
主循环泵 1 运行功率（kW）	68	69	71	73	73	73
主循环泵 2 运行功率（kW）	0	0	0	0	0	0
阀厅温度（℃）	33	34	34	36	33	33
运行功率（MW）	2494	2492	2494	2492	2496	2496
冷却能力储备	0.62	0.60	0.59	0.55	0.59	0.59

表 3－14　　风机冷却能力储备

时刻	3:00	7:00	11:00	15:00	19:00	23:00
风机 1 运行功率（kW）	3.2	3.3	3.4	3.6	3.6	3.5
风机 2 运行功率（kW）	3.3	3.3	3.5	3.8	3.5	3.3
风机 3 运行功率（kW）	3.6	3.6	3.6	3.9	3.6	3.6
风机 4 运行功率（kW）	3.5	3.5	3.7	3.9	3.6	3.5
风机 5 运行功率（kW）	0	0	0	0	0	0
风机 6 运行功率（kW）	0	0	0	0	0	0
阀厅温度（℃）	33	34	34	36	33	33
运行功率（MW）	2494	2492	2494	2492	2496	2496
冷却能力储备	0.52	0.50	0.49	0.42	0.50	0.51

利用熵权法计算入水温度、膨胀水箱水位、电导率、风机和主循环泵 5 个指标的冷却能力储备评估的权重，分别为 0.2、0.15、0.2、0.26 和 0.19。则不同时间断面下换流阀冷却系统冷却能力储备如表 3－15 所示。

表 3－15　　不同时间断面下换流阀冷却系统冷却能力储备

时刻	冷却能力储备
3:00	0.368
7:00	0.420
11:00	0.416
15:00	0.365
19:00	0.390
23:00	0.392

将算法应用到实际运维中，分析换流站抄录数据，在入水温度等监测指标未越限告警的情况下，利用评估方法和模型，量化穗东换流站换流阀冷却系统冷却能力剩余情况，如图 3－13 所示。当冷却能力储备小于阈值时，系统预警。本节中，结合运维经验，冷却能力储备告警阈值为 0.2。冷却能力储备反映了当前运行状态下换流阀冷却系统的冗余情况，当低于阈值，系统预警，并根据关键指标入水温度、膨胀水箱水位、电导率、冷却塔冷却能力、主循环泵冷却能力储备的计算结果排序，得到冷却能力储备最小的评价指标，图 3－13 中黑色圆点标记的计算结果分别为 0.05 和 0.16，低于阈值，系统预警。根据多指标冷却能力量化值排序结果，0.05 为膨胀水箱水位指标的评价结果，提示运维人员重点关注渗漏水的巡视。0.16 为冷却塔冷却指标的评价结果，冷却塔风扇由于故障等情况无法运行，导致换流阀冷却系统冷却能力降低。根据冷却塔冷

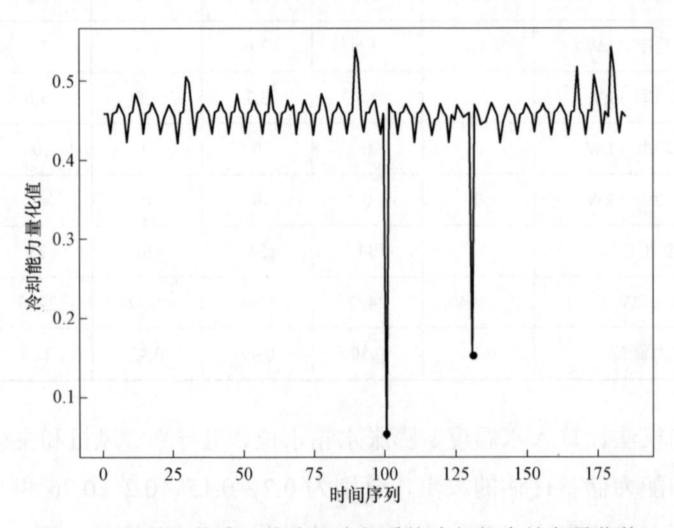

图 3－13　穗东换流站换流阀冷却系统冷却能力储备量化值

却能力储备评价指标值，提示运维人员采取预控措施，尽快对故障变频器进行维修，消除故障隐患。通过换流阀冷却系统冷却能力的量化评估为换流站运维决策提供一定参考。

3.2.4 运维策略

3.2.4.1 换流阀异常处理原则

1. 换流阀无回检

（1）换流阀异常现象：

1）事故声响、事件记录启动。

2）当发现一个换流阀内存在一个阀片级检测不到回检信号时，SER 将发“22B11+B3L NO CHECK－BACK SIGNAL AT=22B11+B3L－V24”。“B3L”中 B 表示 B 相，3 表示位于阀塔中第三层，L 表示为离巡检通道远的接法，即星接（S 表示离巡检通道近的接法，即角接）。“V24”表示阀模件中的第 24 块。故障原因为 TC&M 在至少连续 3 个完整触发周期内检测不到该阀片级的回检信号。

3）当发现一个换流阀内存在 2 个阀片级检测不到回检信号时 SER 将发“NO THYRISTOR REDUNDANCY VALVE D4”形式的信息，提示该换流阀内已无冗余的阀片级。

4）当发现一个换流阀内出现 3 块及以上阀片级检测不到回检信号时，相应阀组跳闸，此时 SER 将发如出如“NOT ENOUGH THYRISTORS VALVE 1 TRIP”形式的信息。

（2）可疑故障点：阀片、TVM 板、RC 阻尼回路、阀片级内硬接线、TVM 与 VBE 间连接光纤、VBE 内光接收 PCB 板。

2. 阀片保护开通 BOD

（1）阀片保护开通现象：

1）事故声响、事件记录启动；

2）TM 单元监测到某个阀片级在连续 3 个采样周期（例如每个采样周期为 20 个系统主周期）内出现保护开通现象，将会通过 SER 发“PROTECTIVE FIRING AT=22B11+B3L－V24”形式的信息；

3）TM 监测到某个阀在连续 3 个采样周期至少有 4 个阀片级出现保护开

通现象，将导致相应阀组跳闸；SER 将发“PROTECTIVE FIRING VALVE D1 TRIP”形式的信息。

（2）可疑故障点：MSC 与阀片的连接光纤、MSC 输出、阀片、TVM 板。

（3）处理方法：

1）汇报调度及站部领导；

2）在 VBE 屏柜相应层架内微控制器板上按下 S1 按钮，并密切监视该阀组运行情况；

3）一个单阀内有 2 个及以上阀片被保护触发时，应及早申请停运消缺。

3. 光发送器故障

（1）光发送故障现象：

1）事故声响、事件记录启动；

2）TM 监测到某个激光二极管在连续 3 个采样周期内出现无回检信号现象，将会发出告警信号，SER 将发“21V11+U1－A5 LIGHTEMITTER FAULT AT=21V11+U1－A5－B2－U4”形式的信息。

（2）可疑故障点：激光二极管、MSC 与 VBE 之间的连接光纤、MSC、光接收器 PCB、光发送器 PCB。

（3）处理方法：

1）汇报调度及站部领导；

2）在 VBE 屏柜相应 VBE 子模块微控制器板上按下 S1 按钮，并密切监视该阀组运行情况；

3）将故障信息详细记录并通知检修控制班人员以便相应极检修时进行处理。

4. 触发脉冲故障

（1）触发脉冲故障现象：

1）事故声响、事件记录启动。

2）TM 监测到某个阀在约 100ms 内未收到触发控制信号，SER 将发“TRIGGER PULSE FAULT VALVE D4”形式的信息。同时，相对应的 VBE 监控系统停发“VBE_RDY”信号。如果是 VBE 的主控系统出现故障，将导致极控系统与 VBE 系统同时切换至备用系统上。

（2）可疑故障点：极控输出模块、极控与 VBE 之间的连接电缆、VBE 的 CLC

接口模块、CLC 接口模块与微控制器 PCB 板之间的连接电缆、微处理器 PCB 板。

5. 现场紧急处置原则

现场紧急处置原则如表 3－16 所示。

表 3－16 现场紧急处置原则

故障情况分类	风险分析	处置原则
多少个阀片无回检信号或保护性触发	多个阀片故障时，加在剩余阀片上的电压增大，可能导致阀片连续击穿	同一阀内 3 个阀片同时无回检信号跳闸，则 2 个阀片同时无回检信号时申请立即停运，1 个阀片同时无回检信号时经站长许可后，尽快申请停运。 阀片保护性触发时处置原则同上

6. VBE 系统故障

（1）VBE 系统故障现象：

1）事故声响、事件记录启动；

2）微处理器 PCB 板的红色 LED 灯亮，SER 将发出如“VBE_SYS_FLT”形式的信息，系统将切换到备用系统上；若备用系统不可用，则相应极跳闸。

（2）可疑故障点：极控输出模块、极控与 VBE 之间的连接电缆、VBE 的 CLC 接口模块、CLC 接口模块与微控制器 PCB 板之间的连接电缆、微处理器 PCB 板。

7. VBE 系统电源故障

（1）VBE 系统电源故障现象：

1）事故声响、事件记录启动；

2）SER 将发出告警信号“PWR_SPLY_FLT”，以及“VBE_SYS_FLT”信号，VBE 内 DC－DC 变换器的低电压监视保护器将检测到一路电源故障，其前面板红色 LED 灯亮。

（2）可疑故障点：备用电池系统、MCB 小开关。

3.2.4.2 换流阀冷却系统异常

（1）换流阀冷却系统出现电源故障，应查明原因后尽快恢复。

（2）主循环泵漏水，应手动切换至备用泵，关闭故障泵进出水阀门，然后再联系检修人员处理。

（3）高位水箱水位低告警，应立即在控制面板上手动开启补水泵进行补水（同时注意原水罐水位），直至水位恢复正常后告警消除，查找漏水点，然后再联系维护人员处理。必要时停运阀冷却系统。补水前确认原水罐有足够水，原

水罐低液位时将停止补水泵运行，防止补水泵吸入空气。

（4）外冷水池水位低告警，应立即开启外冷水补水电磁阀，检查工业水泵是否正常，关闭自循环系统的泄流排污阀门，必要时可使用外来水源进行快速补水，如生活用水或消防用水。

（5）站用电受扰动导致换流阀冷却系统冷却塔风扇停运时的处理：检查风扇电动机电源小开关是否跳闸；检查并复归相应的变频器；如是变频器故障可在控制面板上手动启动风机工频运行；根据风扇组数、负荷以及阀冷进出水温度情况，必要时向总调申请降负荷或停运。

（6）内冷水电导率高：检查离子交换器是否正常，阀门是否正常打开，将阀门开至最大，开启备用离子交换器，必要时向总调申请停运。

（7）内冷水温度高：检查冷却塔风扇、喷淋泵、主循环泵是否正常；将冷却塔风机调整至最大转速；必要时向总调申请降负荷或停运。

（8）主水压力异常：检查主循环泵是否正常；检查旁通阀是否正常关闭；检查主过滤器是否堵塞；检查内冷水回路是否有泄漏；必要时手动切换主循环泵，向总调申请停运。

（9）漏水：查找漏水点，检查补水泵是否自动开启，否则手动开启补水泵进行补水。如漏水点位于备用设备或管路并可隔离，则关闭两侧阀门隔离漏水点，如漏水点位于运行设备或管路且备用设备完好，则切换至备用设备然后隔离漏水点。如漏水点在阀厅内部且水滴落在阀设备上，或漏水量较大，补水速度赶不上漏水速度，则申请停运直流，然后停运换流阀冷却系统，关闭漏水点两侧阀门，联系检修人员处理。现场紧急处置原则如表 3－17 所示。

表 3－17　　现场紧急处置原则

序号	故障情况分类	风险分析	处置原则	关键参数
1	内冷水漏水、膨胀水箱水位低	若漏水点在阀塔设备上，可能造成阀塔设备短路烧毁； 若漏水点在其他位置，也可能因漏水速度过快而导致膨胀水箱水位低跳闸	（1）明确判断现场确有漏水点。 （2）若漏水点在阀塔设备上则申请立即停运，否则采取必要措施排除或隔离漏水点。 （3）若启动补水泵或关闭冷却塔阀门等可维持水位，则经站长许可后，申请尽快停运。 （4）若措施无效，漏水进一步恶化，则申请立即停运，并告知调度由于下降较快，膨胀水箱水位下降至跳闸值加 1%时将手动 ESOF。 （5）漏水加剧，膨胀水箱水位降至跳闸值加 1%时，值班负责人手动 ESOF 相应极（阀组）	膨胀水箱水位跳闸值加 1%（跳闸值 15%）

续表

序号	故障情况分类	风险分析	处置原则	关键参数
2	喷淋泵坑被淹、外冷水池无水、外冷却塔故障等导致内冷水温度升高	内冷水温度过高，阀塔设备过热损毁	（1）明确判断现场确有故障。 （2）采取必要措施可控制水温升高，则经站长许可后，申请尽快停运处理。 （3）若措施无效，温度进一步升高，则申请立即停运，并告知调度由于温度上升较快，升至跳闸值减1℃时将手动ESOF。 （4）若温度上升加剧，达跳闸值减1℃时，值班负责人手动ESOF相应极（阀组）	内冷水温度跳闸值减1℃（跳闸值55℃）
3	阀冷主水回路压力下降	冷水流速减缓，将导致内冷水冷却效果降低，水温温度升高，进而导致阀塔设备过热损毁	（1）明确判断现场确有故障。 （2）若压力接近告警值，备用泵正常备用情况下，申请切换主循环泵。 （3）若压力低于告警值但稳定，则经站长许可后，申请尽快停运。 （4）密切关注内冷水温度，并参考内冷水温度高处置原则。 （5）对于主水压力低会导致跳闸的站点：若措施无效，压力进一步降低，则经站长许可后申请立即停运，并告知调度压力降低至跳闸值加0.1bar时将手动ESOF。 （6）当压力降至跳闸值加0.1bar时，值班负责人手动ESOF	主水压力低跳闸定值加0.1bar（跳闸值为2.6bar）
4	阀冷内冷水主水流量低（不适用于肇庆换流站）	冷水流速减缓，将导致内冷水冷却效果降低，水温温度升高，进而导致阀塔设备过热损毁	（1）明确判断现场确有故障。 （2）若流量接近告警值，备用泵正常备用情况下，申请切换主循环泵。 （3）若流量低于告警值但稳定，则经站长许可后，申请尽快停运。 （4）密切关注内冷水温度，并参考内冷水温度高处置原则。 （5）对于主水流量低会导致跳闸的站点：若措施无效，压力进一步降低，则经站长许可后申请立即停运，并告知调度流量降低至跳闸值加50L/min时将手动ESOF。 （6）当流量降至跳闸值加50L/min时，值班负责人手动ESOF	主水流量低跳闸定值加50L/min（跳闸值为4000L/min）
5	内冷水电导率持续上升	内冷水离子浓度增大，可能引起内部放电导致内冷水管道击穿，引发漏水	（1）明确判断现场确有故障。 （2）采取必要措施可控制电导率升高，则经站长许可后，申请尽快停运。 （3）若措施无效，电导率进一步升高，则申请立即停运，并告知调度由于电导率上升较快，升至跳闸值减0.05μS/cm时将手动ESOF。 （4）若电导率上升加剧，达跳闸值减0.05μS/cm时，值班负责人手动ESOF相应极（阀组）	电导率跳闸值减0.05μS/cm（跳闸值为0.55μS/cm）

续表

序号	故障情况分类	风险分析	处置原则	关键参数
6	阀冷涉及直流跳闸的关键传感器故障	阀冷关键传感器故障，导致运行人员无法实时监控阀冷运行状况，存在故障后无保护运行风险	（1）只剩一个传感器，则经站长许可后，申请尽快停运。 （2）相关传感器均故障时，分以下两种情况： 1） 若可以通过其他参数判断阀冷运行情况，则经站长许可后，尽快申请停运。例如主水回路压力传感器故障，但可通过阀塔压差传感器、主水流量传感器判断阀冷运行情况。 2） 若无法通过其他参数判断阀冷运行情况，则立即申请停运。如内冷水电导率传感器、膨胀水箱水位传感器	

3.3 换流变压器运维管理

3.3.1 问题提出和研究方法

换流变压器将送端交流系统的功率送到整流器或从逆变器接受功率送到受端交流系统，利用网侧绕组和阀侧绕组的磁耦合转送功率实现交直流系统的电气绝缘和隔离。目前实际运行中的换流变压器多为油浸式变压器。变压器油具备绝缘和散热作用，换流变压器本体及分接开关的油位是换流变压器重要的监控参量。注油时施工的差异、储油柜之间存在的渗漏以及环境温度的差异，使运行中的特高压换流变压器可能出现油箱或者分接开关油位过低或过高的情况，而日常运维中由于分析周期较短难以直接发现油位出现缓慢变化时异常的情况。

在交、直流系统故障或者受端负荷中心负荷短缺时，直流系统的过负荷能力决定了系统的稳定性能。而换流变压器的过负荷能力是环境温度以及系统的过负荷运行时间的一个连续函数。环境温度越高，过负荷限制输出的电流值越小，在直流系统过负荷的情况下，环境温度决定了过负荷最大电流的大小。直流系统过负荷的情况下，环境温度决定了过负荷最大电流的大小。但由于换流变压器周围加装了隔音屏障，屏障内部的环境温度远高于过负荷逻辑中所取的环境温度，这就影响过负荷逻辑计算所得的温度阈值。因此需对温度阈值进行自动修正。

针对上述问题，结合换流变压器运行监测数据和环境数据，通过时序趋势分析、回归分析、相关分析，对换流变压器运行状态进行分析，为换流变压器运维提出建议。分析方法和模型示意如图 3－14 所示，换流变压器故障诊断和缺陷原因识别流程如图 3－15 所示。

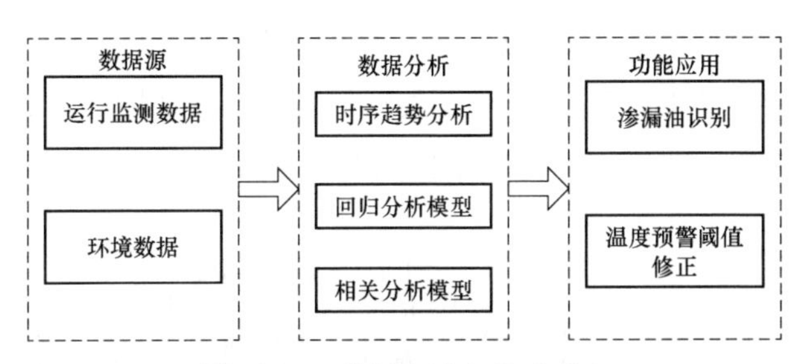

图 3－14　分析方法和模型示意

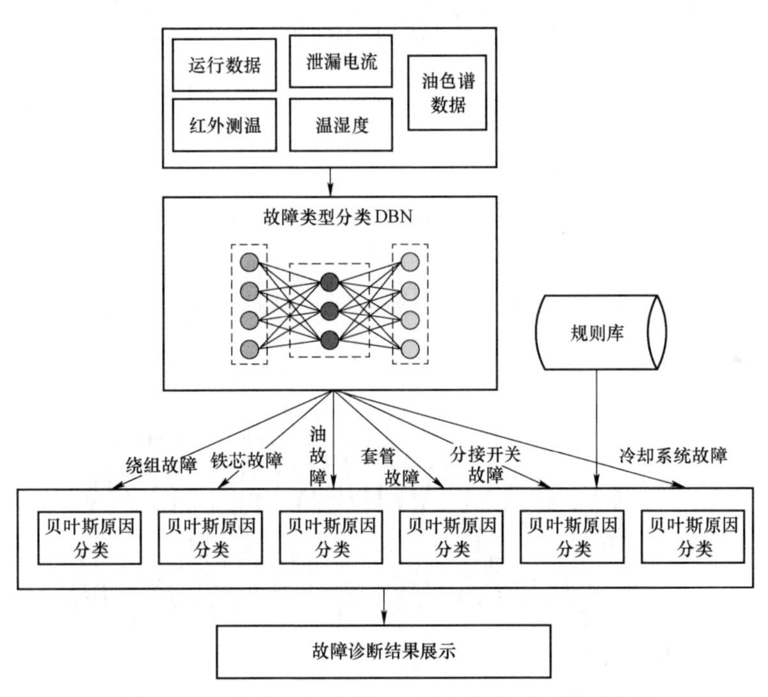

图 3－15　换流变压器故障诊断和缺陷原因识别流程

3.3.2　案例分析

3.3.2.1　油浸式变压器渗漏油预警分析

当前穗东换流站监盘抄录的油位数据包括有极 1 高端换流变压器三相（Y/Y）、

极1高端换流变压器三相（Y/△）、极1低端换流变压器三相（Y/Y）、极1低端换流变压器三相（Y/△）、极2高端换流变压器三相（Y/Y）、极2高端换流变压器三相（Y/△）、极2低端换流变压器三相（Y/Y）、极2低端换流变压器三相（Y/△）。利用趋势分析方法以及三相对比方法，分析变压器油位相对变化量，从而识别异常。

分析穗东换流站某月抄录的油位数据，每日6次，共186组数据。其中极1高端不同连接方式的换流变压器A相油位监测数据如图3－16（a）所示，极1高端Y/Y换流变压器三相油位数据如图3－16（b）所示。

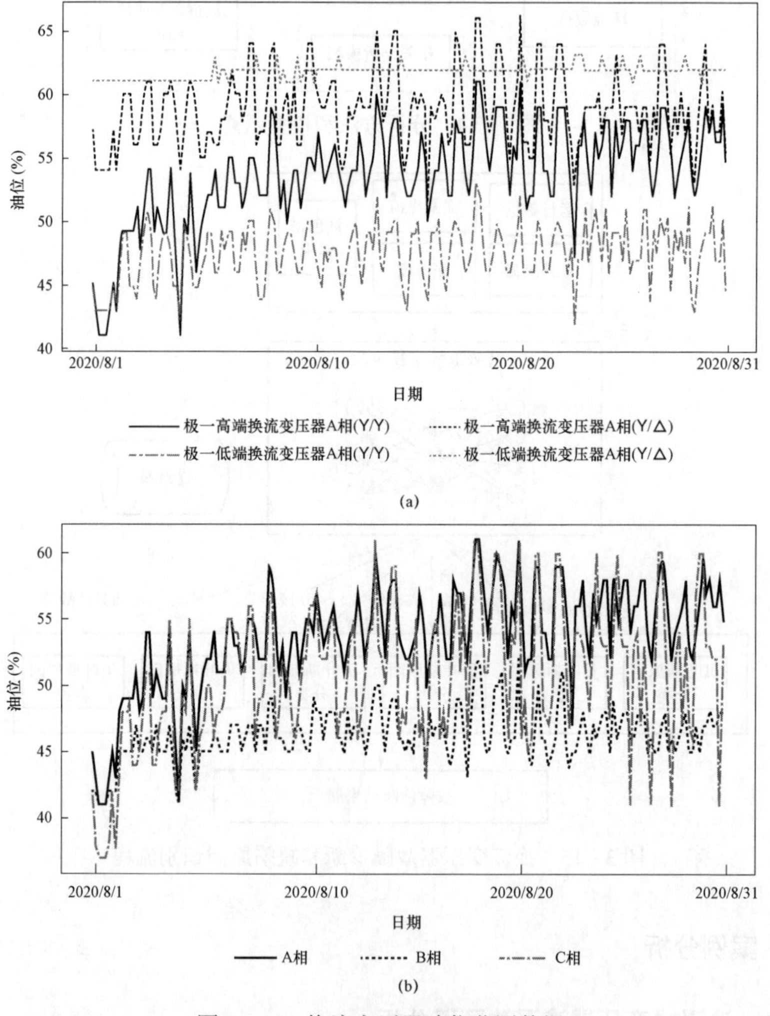

图3－16　换流变压器油位监测数据

（a）极1高端不同连接方式的换流变压器A相油位监测数据；

（b）极1高端Y/Y换流变压器三相油位监测数据

利用时序趋势分析方法，趋势分析量化及标准差计算如表 3－18 所示。

表 3－18　　趋势量化及标准差计算

相别	标准差	趋势量化值（%）
极 1 高端换流变压器 A 相（Y/Y）	4.01	10
极 1 高端换流变压器 A 相（Y/△）	2.97	－1
极 1 低端换流变压器 A 相（Y/Y）	2.22	0
极 1 低端换流变压器 A 相（Y/△）	0.55	1
极 2 高端换流变压器 A 相（Y/Y）	0.00	0
极 2 高端换流变压器 A 相（Y/△）	0.00	0
极 2 低端换流变压器 A 相（Y/Y）	2.22	5
极 2 低端换流变压器 A 相（Y/△）	1.85	4
极 1 高端换流变压器 B 相（Y/Y）	2.01	6
极 1 高端换流变压器 B 相（Y/△）	3.57	9
极 1 低端换流变压器 B 相（Y/Y）	2.97	6
极 1 低端换流变压器 B 相（Y/△）	1.05	1
极 2 高端换流变压器 B 相（Y/Y）	0.00	0
极 2 高端换流变压器 B 相（Y/△）	0.29	0
极 2 低端换流变压器 B 相（Y/Y）	2.05	5
极 2 低端换流变压器 B 相（Y/△）	1.77	0
极 1 高端换流变压器 C 相（Y/Y）	5.38	11
极 1 高端换流变压器 C 相（Y/△）	4.18	7
极 1 低端换流变压器 C 相（Y/Y）	0.42	－1
极 1 低端换流变压器 C 相（Y/△）	1.18	3
极 2 高端换流变压器 C 相（Y/Y）	0.00	0
极 2 高端换流变压器 C 相（Y/△）	0.00	0
极 2 低端换流变压器 C 相（Y/Y）	0.00	0
极 2 低端换流变压器 C 相（Y/△）	2.74	8

根据表 3－18 可知油位存在增长趋势，当监测值与均值的差值超出 3 倍标准差值时，系统预警，计算$|x_t - \overline{x}|$，其他换流变压器运行正常，仅穗东换流站极 1 高端换流变压器 A 相（Y/Y）1 月 1 日的油温变化异常，分析原因，根据油位变化理论值计算公式$\Delta V = \dfrac{G}{\rho}\gamma \Delta T$可知，油位和油温线性相关，由于油温上升引起

变压器油膨胀，造成平均油位整体上升，$|x_t - \bar{x}|$ 计算值超出阈值，但油位是增长趋势，可不考虑渗漏油风险。式中：ΔV 为因温度变化而引起的油的体积变化；G 为变压器油的质量；ρ 为 20℃变压器油的密度；γ 为温度膨胀系数；ΔT 为温度变化。

针对同一极相同连接方式的变压器，通过横向对比三相之间的油位，判断是否存在渗漏现象。两相油位偏差可表示为 $\Delta W_{tran} = |W_{max} - W_{min}|$，其中 W_{max} 和 W_{min} 为同一时刻三相油位最大值和最小值。当 $\Delta W_{tran} > \delta$ 时，油位变化较大，存在异常，δ 为基于历史数据计算所得 ΔW_{tran} 的最大值。极 1 高端 Y/Y 换流变压器三相油位偏差如图 3－17 所示，$\Delta W_{tran} < 20$，则当前变压器无渗漏异常情况。

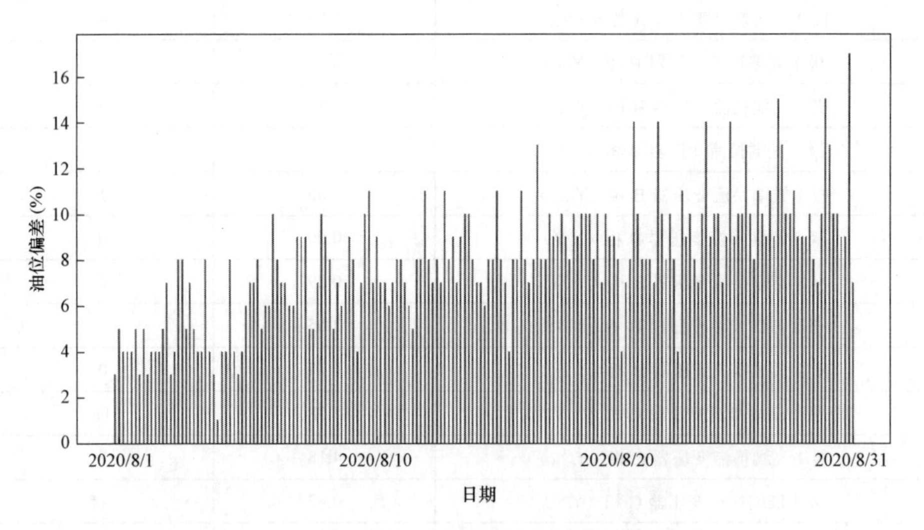

图 3－17　极 1 高端 Y/Y 换流变压器三相油位偏差

3.3.2.2　基于运行状态与环境关联分析的温度异常识别

基于穗东换流站监测数据，分析负荷和温度之间的相关性，相关系数和数据分布如图 3－18 和图 3－19 所示，负荷和油温、日最高环境温度强相关。环境温度的升高影响油温以及线温，如果此时过负荷运行，则大电流及较高的油温、线温，将会降低换流变压器绝缘强度，不利于直流系统的安全运行。利用穗东换流站迎峰度夏期间的监测数据，分析屏障内外部温差，在当前条件下提出新的环境温度阈值，当超出该温度阈值时，不允许直流系统过负荷运行。通过分析 8、9 月屏障内外监测的温度数据，可知内部温度高于外部的平均

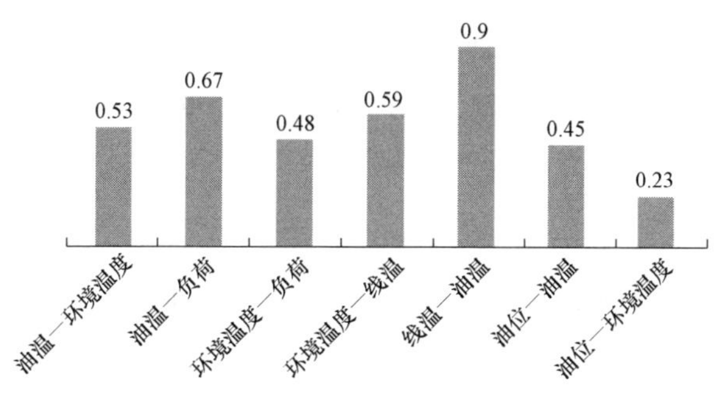

图 3-18 穗东换流站相关系数

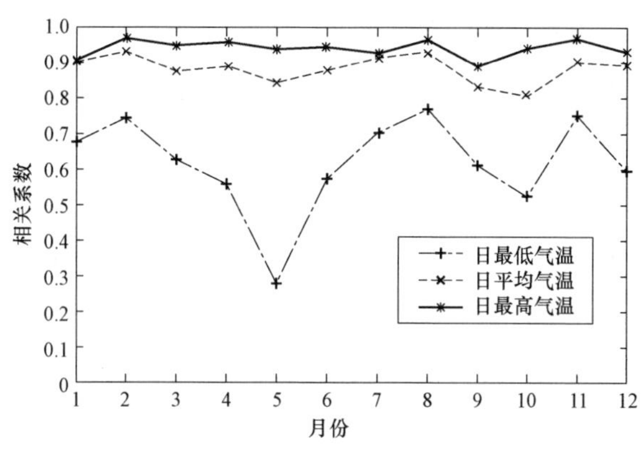

图 3-19 穗东换流站数据分布

值为 3℃。则在现有过负荷限制 40℃的标准之上，修正阈值为 37℃，当内部温度高于 37℃时告警，避免过负荷运行。

3.3.3 运维策略

变压器电气量、非电气量保护动作跳闸直接导致相应直流极停运。保护动作跳闸后，需正确处理，判断保护是否误动尽早恢复送电。变压器跳闸时，应首先根据继电保护动作情况和事故跳闸当时的外部现象（变压器过负荷、邻近设备故障等）判断故障原因，并进行以下处理：

（1）若差动和重瓦斯保护全部动作或仅重瓦斯保护动作，未查明原因和消除故障前不得送电。

（2）差动保护动作跳闸，在检查变压器外部和差动范围一次设备无明显故障，检查瓦斯气体及故障录波器动作情况，证明变压器内部无明显故障，经设备运行维护单位主管领导同意后可试送，有条件时也可进行零起升压。

（3）仅后备保护动作，检查主变压器外观无异常且外部故障消除或隔离后可下令试送，或内部无明显故障，经设备运行维护单位主管领导同意后可试送。有条件时也可进行零起升压。

（4）变压器本体等其他保护动作但原因不明，经检查变压器本体和故障录波情况，证明变压器内部无明显故障，经设备运行维护单位主管领导同意后可试送，有条件时也可进行零起升压。

换流变压器运行中发生下列现象时，应立即停电：

（1）声响明显增大，内部有爆裂声。

（2）换流变压器油箱、分接头油箱破裂并大量漏油。

（3）套管闪络或炸裂。

（4）变压器冒烟、着火。

变压器运行中发生下列现象时，应立即汇报调度并申请停电处理：

（1）内部声音异常，且不均匀。

（2）套管出现裂纹，并有闪络放电痕迹。

（3）储油柜油位指示过低。

（4）变压器油箱、分接头油箱漏油，危及运行。

当差动保护和重瓦斯保护同时动作时，表明变压器内部故障，不得试送。做好安全措施后，联系检修人员进行处理。

换流变压器、油浸式平波电抗器、500kV 主变压器及 500kV 高压电抗器处置要求如下：

（1）轻瓦斯（包括本体及分接开关）报警后，应按照紧急缺陷处理流程，申请停电对相关变压器（电抗器）进行检查及处置，在未停电情况下运维人员不得进入变压器（电抗器）现场检查，严防由于突发故障造成人身伤亡事故的发生。

（2）停电后现场检查处置要求如下：

1）检查气体继电器有无积气，是否因积聚空气、油位降低、二次回路故障或变压器内部故障造成的动作；

2）如气体继电器内有气体，则应记录气量，观察气体的颜色及试验是否可燃，并取气体及油样进行分析；

3）若气体继电器内的气体为无色、无臭且不可燃，色谱分析判断为空气，应查明进气缺陷原因，并及时处理；

4）若气体是可燃的或油中溶解气体分析结果异常，应开展综合诊断试验，综合研判变压器绝缘状况，制订专题检修处置方案进行处理。

换流变压器本体漏油、油位低处置原则如表3－19所示。

表3－19　换流变压器本体漏油、油位低处置原则

故障情况分类	风险分析	处置原则
变压器漏油、油位低	变压器持续漏油，若液位过低，重瓦斯保护将无法动作。此时若铁芯暴露在空气中引起放电	（1）明确判断现场确有漏油点。 （2）采取必要措施可控制漏油，则经站长许可后，根据处理需要申请尽快停运。 （3）若措施无效，油位进一步降低，则申请立即停运，并告知调度由于油位下降较快，当降至储油柜油位5%时将紧急停运。 （4）若储油柜油位降至5%，值班负责人执行紧急停运

换流变压器本体油位高处置原则如表3－20所示。

表3－20　换流变压器本体油位高处置原则

故障情况分类	风险分析	处置原则
报警声响启动，SER发本体油位高告警；巡检发现现场油位计指示偏高	（1）油位确实偏高。 （2）换流变压器本体油位计及其回路故障	（1）检查换流变压器油位是否已经因温度上升而高出油位指示极限。 （2）若油位计故障，则应及时排除油位计监测故障，必要时申请停电处理。 （3）若查明不是假油位所致时，则应放油，使油位降至与当时油温相对应的高度，以免溢油。排油过程中，应将重瓦斯跳闸功能退出

换流变压器冷却器故障处置原则如表3－21所示。

表3－21　换流变压器冷却器故障处置原则

故障情况分类	风险分析	处置原则
报警声响启动，SER发换流变压器冷却器故障告警	（1）电源回路故障。 （2）监视、控制回路故障	（1）检查冷却系统电源是否正常，如电源小开关跳闸，可试送一次；试送不成功，联系维护人员尽快恢复电源正常。 （2）若电源正常，检查冷却系统控制回路。 （3）在运行中，当冷却系统发生故障切除全部冷却器时，变压器在额定负荷下允许运行时间不小于20min，当油面温度尚未达到75℃时，允许上升到75℃，但冷却器全停的最长时间不得超过1h。 （4）若冷却系统不能恢复正常运行且温度不断上升时，应向调度申请降低相应极直流输送功率，必要时申请停运相应阀组

换流变压器重瓦斯保护动作处置原则如表3－22所示。

表3－22　换流变压器重瓦斯保护动作处置原则

故障情况分类	风险分析	处置原则
事故声响启动，SER发相应跳闸信号，故障录波装置启动；换流变压器开关跳闸，相应阀组停运	（1）换流变压器内部故障。 （2）气体继电器误动作	（1）检查油泵停运；如未停运，手动停运。 （2）确认换流变压器已停电。 （3）外观检查有无喷油、损坏等明显故障。 （4）确认重瓦斯继电器是否在动作位置，联系维护人员取瓦斯气体和油样进行化验，分析事故性质及原因。 （5）如果确认重瓦斯保护误动，申请停用重瓦斯保护。 （6）未发现明显故障，申请恢复送电

换流变压器轻瓦斯保护告警处置原则如表3－23所示。

表3－23　换流变压器轻瓦斯保护告警处置原则

故障情况分类	风险分析	处置原则
告警声响启动，SER发相应告警信号	（1）换流变压器内部异常。 （2）轻瓦斯回路异常	（1）立即对换流变压器进行检查，查看油位、油温、线温等是否正常，是否有异常声音，是否存在绝缘油泄漏等情况，必要时向调度申请停电处理。 （2）联系维护人员取瓦斯气体和油样进行化验，分析故障性质及可能原因。 （3）加强对换流变压器的监视，防止故障扩大

换流变压器分接开关故障处置原则如表3－24所示。

表3－24　换流变压器分接开关故障处置原则

故障情况分类	风险分析	处置原则
分接头失步； 机构不能电动操作或机构连续运转或在运转期间电动机电源开关跳闸，检查未发现问题且试投不成功	（1）分接开关电气回路故障。 （2）分接开关传动机构故障	（1）出现“换流变压器分接开关三相不一致”“分接开关不同步”等报警信息且不复归时，原因未查明前建议向调度汇报并申请暂停功率升降。当现场需开展停电检查时，可采用正常闭锁直流方式停运直流。 （2）当逆变侧换流变压器三相挡位不一致时，进行降压操作可能会导致大角度监视保护动作闭锁直流，因此不建议进行降压运行操作。 （3）应首先通过就地操作等方式将异常相换流变压器分接开关挡位调至与其他挡位相同。如无法调节，现场人员检查异常相与正常相分接开关挡位差是否超过2挡，超过2挡时，先调整正常相挡位与异常相挡位相差1挡，以防止在处理过程中挡位差进一步扩大。 （4）分接开关异常处理工作完成后，在分接开关控制模式由手动切换到自动之前，如果条件允许，可申请调度在运行人员工作上远方手动对三相换流变压器分接开关同时进行升、降一次的联调操作，检验分接开关均已正常动作

换流变压器本体压力释放装置动作或分接开关压力释放装置动作处置原则如表 3-25 所示。

表 3-25 换流变压器本体压力释放装置动作或分接开关压力释放装置动作处置原则

故障情况分类	风险分析	处置原则
事故声响和故障录波装置启动，SER 发相应跳闸信号	（1）换流变压器内部故障或者分接开关内部故障。 （2）压力释放装置误动	（1）确认换流变压器在正常运行状态。 （2）外观检查有无喷油、损坏等明显故障。 （3）联系维护人员取油样进行化验，分析事故性质及原因。 （4）如果确认压力释放保护误动，应停用压力释放保护。 （5）未发现明显故障，向调度汇报换流变压器具备正常运行条件。 （6）若无法查明原因，则将情况汇报站部人员，经同意后向调度申请将相应阀组操作到接地状态；联系检修人员进行处理

换流变压器阀侧套管 SF_6 压力低告警处置原则如表 3-26 所示。

表 3-26 换流变压器阀侧套管 SF_6 压力低告警处置原则

故障情况分类	风险分析	处置原则
换流变压器阀侧套管 SF_6 气体压力降低	SF_6 气体泄漏将导致套管绝缘强度降低，可能引起内部放电	（1）明确判断现场确有 SF_6 气体泄漏。 （2）若泄漏过程较为缓慢，则汇报站长和调度后，申请尽快停运。 （3）达到告警值且泄漏有恶化，则申请立即停运；同时告知调度压力达到跳闸值加 0.2bar 时将采取紧急停运措施。 （4）当 SF_6 气体压力继续降低，达到跳闸值加 0.2bar 时，值班负责人采取紧急停运措施

换流变压器阀侧套管 SF_6 压力低跳闸处置原则如表 3-27 所示。

表 3-27 换流变压器阀侧套管 SF_6 压力低跳闸处置原则

故障情况分类	风险分析	处置原则
（1）事故声响、故障录波启动，SER 发相应跳闸信号。 （2）换流变压器开关跳闸，相应阀组紧急停运	（1）套管 SF_6 气体泄漏。 （2）套管 SF_6 气体表计故障	（1）确认换流变压器已停电。 （2）外观检查无漏油、无漏气、无损坏等明显故障。 （3）检查一次设备和二次设备，分析事故性质及原因。 （4）如果确认 SF_6 保护误动，应停用 SF_6 保护，但差动保护必须投入

换流变压器差动保护（87T）和绕组差动保护（87TW）动作处置原则如表 3-28 所示。

表 3-28　　换流变压器差动保护（87T）和绕组差动保护（87TW）动作处置原则

故障情况分类	风险分析	处置原则
（1）事故声响、故障录波启动，SER 发相应跳闸信号。 （2）换流变压器开关跳闸，相应阀组紧急停运	（1）换流变压器内部故障。 （2）相应保护误动	（1）迅速切断油泵电源，以避免把内部故障部位产生的炭粒和金属微粒扩散到各处，增加修复难度。 （2）检查差动保护范围内一次设备有无明显故障。 （3）判明保护是否误动，如果保护误动，应停用，但重瓦斯保护保护必须投入。 （4）联系维护人员取油样，化验分析。 （5）未发现明显故障，经局主管领导及调度批准后，可试充电一次，试充不成功，必须分析查找原因，在原因不清楚前不得再次送电

换流变压器阻抗保护/过励磁保护/过电压保护/过电流保护/零序过电流保护动作处置原则如表 3-29 所示。

表 3-29　　换流变压器阻抗保护/过励磁保护/过电压保护/过电流保护/零序过电流保护动作处置原则

故障情况分类	风险分析	处置原则
（1）事故声响、故障录波启动，SER 发相应跳闸信号。 （2）换流变压器开关跳闸，相应阀组紧急停运	（1）换流变压器内部故障或其连线故障。 （2）相应保护误动	（1）检查换流变压器外观有无明显故障。 （2）联系维护人员检查相应一、二次设备。 （3）若无明显故障点，申请调度对该换流变压器试充电一次。 （4）若试充电不成功，则做好停电安全措施，联系维护人员处理

换流变压器着火处置原则如表 3-30 所示。

表 3-30　　换流变压器着火处置原则

故障情况分类	风险分析	处置原则
（1）换流变压器火警监测装置发出声响和报警。 （2）换流变压器开关跳闸，相应阀组紧急停运	换流变压器有关部分绝缘水平降低并放电，积热起火	迅速通过 CCTV 及现场检查换流变压器，如火灾属实，则： （1）迅速检查判明换流变压器保护是否正确动作停电，同时检查消防系统是否自动启动喷水。 （2）如换流变压器未停电，立即启动相应阀组 ESOF，并马上断开辅助电源，停运冷却器，防止火势蔓延。 （3）如换流变压器消防系统未能自动启动喷水，应立即启动手动喷淋水系统，同时采取一切措施保证灭火效果。 （4）立即拨打 119 火警电话，报告火情，请求公安消防部门增援。 （5）可能的情况下打开事故排油阀排油。 （6）及时将现场情况汇报调度和主管领导

换流变压器油温、线温升高处置原则如表3－31所示。

表3－31　换流变压器油温、线温升高处置原则

故障情况分类	风险分析	处置原则
变压器因冷却器故障等原因导致油温、线温升高	冷却器故障，导致油温、线温升高，温度跳闸已退出，可能影响变压器使用寿命；若因内部故障引起油温、线温升高，不及时处理将导致重瓦斯保护或差动保护动作	（1）明确判断现场确有故障。 （2）采取除降负荷外的措施控制温度升高。 （3）若措施无效，温度接近告警值，则申请降负荷。 （4）若降负荷及控制措施均无效，温度高于告警值，但稳定，则经站长许可后，进一步降负荷或根据处理需要申请尽快停运。 （5）若降负荷及控制措施均无效，温度高于告警值，且有升高趋势，或达到跳闸值但稳定，则经站长许可后申请立即停运。 （6）若降负荷及控制措施均无效，温度高于跳闸值且升高趋势加剧，说明内部有严重故障，保护无法动作，值班负责人应执行紧急停运

3.4 断路器运维管理

3.4.1 问题提出

SF_6气体泄漏会降低GIS的绝缘能力，影响设备的正常运行，当气体压力低于设定值时会危及设备正常的绝缘强度，进而给电力系统的安全可靠运行造成危险。在日常运维中，通过查看SF_6气体压力表的读数，并经过对比，判断SF_6气体是否有漏气现象。由于SF_6气体随着温度的变化，尽管密度不变，但其反映出的压力是变化的。因此，为了能够正确判断是否有漏气现象，需将在现场的压力读数折算到规定温度（20℃）下的压力，再与额定压力进行比较和判断，每次查看后都要进行测量温度和计算。断路器投入运行后，由于负荷电流通过导电回路电阻和接触电阻时，将消耗的能量全部转化为热能加热SF_6气体而产生温升，尽管断路器内部温度场中各点的温度不同。但是，由温升引起的压力增量各处都是相等的，所以，特别是在负荷电流比较大的情况下，如果使用环境温度进行折算，将会引起较大的误差，因此，在运行中的巡视检查时，不但要记录压力和环境温度，还要记录负荷电流，才能进一步确认是否有漏气现象。当前实际运维中抄录SF_6气体压力时，能发现一些SF_6气体压力低的缺陷。其中一部分是由于漏气所致，另一部分不存在漏气，可能跟温度变化相关。

结合当前运维工作经验，通过模型分析和数据拟合的方法得到 SF_6 气体压力随时间、温度和电流变化的曲线，降低温度、电流对 SF_6 气体压力采集精度影响，提高测量精度。采用式（3－18）拟合监测的 SF_6 气体压力随温度变化的规律。

$$\frac{P_T}{P_{T_0}}=(a+b)\times \mathrm{e}^{cT+dI} \tag{3-16}$$

式中：P_T 为 T 温度下监测的 SF_6 气体压力；P_{T_0} 为出厂测试 T_0 温度下对应的 SF_6 气体压力大小；I 为温度 T 下监测的电流；a、b、c、d 为拟合常数。根据拟合公式将实际监测值转换到参考规定 T_0 温度下的监测计算值，再与规程参考值进行比较，减小温度对 SF_6 气体压力的影响。

3.4.2 案例分析

穗东换流站内开关设备常用阈值如下：

（1）交流场及交流滤波器场开关，SF_6 额定压力 0.6MPa，告警压力 0.52MPa，闭锁压力 0.5MPa。

（2）站用电区域 110kV GIS 开关气室，SF_6 额定压力为 0.6MPa，告警压力 0.53MPa，闭锁压力 0.5MPa。

（3）直流场开关，其中中性母线开关和高速接地开关 SF_6 额定压力 0.8MPa，告警压力 0.72MPa，闭锁压力 0.7MPa，旁路断路器 SF_6 额定压力 0.7MPa，告警压力 0.64MPa，闭锁压力 0.62MPa。

针对换算后的 SF_6 压力，利用时序趋势分析方法，若呈下降趋势，则开关设备可能存在漏气，持续跟踪。目前由于缺少温度和电流抄录数据，为简化应用，利用实际运维经验，考虑气温及个人测量误差的影响，测量数据偏差允许在±0.03MPa 范围内，则分析同一开关 SF_6 气体压力 30d 内变化在 0.03MPa 以内波动，且不呈下降趋势，属于正常；同一开关 SF_6 气体压力 30 天内最高压力与最低压力变化在 0.03MPa 以内，且呈下降趋势，开关可能存在缓慢漏气。

分析穗东换流站部分交流开关设备 2018 年 1～11 月的 SF_6 压力趋势分析，如图 3－20 所示。交流开关 SF_6 气体压力均在正常范围内，无明显下降趋势。

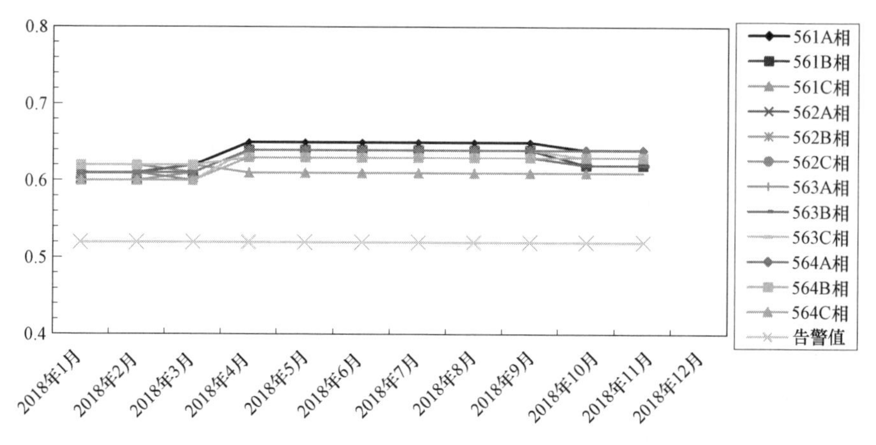

图 3－20 穗东换流站部分交流开关 SF_6 气体压力

2018 年 4～11 月 220kV 花绿乙线线路 21774 隔离开关气室 SF_6 气体压力数据分别为 0.52、0.50、0.50、0.51MPa，0.50、0.50、0.50、0.50MPa，有下降趋势，及时安排补气，现场对 220kV 花绿乙线线路 21774 隔离开关气室进行补气至 5.15bar。

3.4.3 运维策略

值班人员发现运行中（或送电中）的开关非全相运行时，应立即检查三相不一致等相关保护动作情况并汇报值班调度员，由值班调度员依据开关闭锁分闸故障处置原则指挥处理，尽快消除三相不平衡电流，并隔离故障开关。

断路器闭锁分闸故障处置原则：

（1）断路器闭锁分闸故障时，运行值班人员应 3min 内向值班调度员汇报有关情况，同时进行必要检查和故障分析。

（2）若故障是由断路器绝缘介质压力降低等影响断路器安全运行原因导致时，值班调度员接到运行人员报告后，应不待就地检查故障原因，根据系统运行情况调整运行方式，尽快采取隔离措施。若故障是由操动机构异常、控制回路故障等其他原因导致时，现场应尽快采取措施恢复断路器正常运行，若采取措施后仍不能恢复正常运行时，应向调度申请隔离。

（3）必须对用户停电或电厂解列才能进行的隔离操作，操作前值班调度员须采取预控措施。

（4）设备有多个断路器的，若发生断路器非全相且闭锁分闸故障，应立即断开该设备其他侧断路器，再设法隔离该断路器，以降低对系统运行的影响。

（5）双母线接线方式，出线断路器闭锁分闸故障隔离处置原则：

1）具备旁母代路条件时，应按旁路断路器代路运行要求，将旁路断路器与故障断路器并联后，采用拉开无阻抗环路电流的方法将故障断路器隔离。

2）不具备旁母代路条件时，应将故障断路器所在母线上其余断路器逐一倒至另一母线后，然后断开母联断路器，将故障断路器隔离。对于设备运行维护单位已确认设备存在缺陷的，应采取冷倒操作方式。

（6）双母接线方式，旁路断路器闭锁分闸隔离处置原则可参照出线断路器闭锁分闸的处置原则执行。

（7）双母接线方式，母联断路器闭锁分闸隔离处置原则：

1）若故障是由操作机构异常、控制回路故障等其他原因导致时，现场可向调度申请将母线联动断路器设置为死开关，并按现场规程要求调整母线差动保护，值班调度员可选择合适时机再采取隔离措施。

2）隔离开关具备拉开空载母线条件时，选择母联断路器两侧的一条母线，将其所带的所有元件逐一倒至另一条母线后，再拉开母联断路器两侧隔离开关将其隔离。对于设备运行维护单位已确认设备存在缺陷或母联断路器非全相故障的，应采取冷倒操作方式。

3）隔离开关不具备拉开空载母线条件时，应将母联断路器两侧母线停电后，再无压拉开故障断路器两侧隔离开关将其隔离。

（8）其他接线方式（3/2断路器、4/3断路器、桥接等）下，发生断路器闭锁分闸故障，须采取将故障断路器各侧设备操作停电后，再无压拉开故障断路器两侧隔离开关的方式将其隔离。

其他开关装置现场处置原则如表3－32和表3－33所示。

表3－32　　交/直流开关现场处置原则

故障类型	故障分析	处理方法
开关操作未动作	（1）控制回路电源丢失。 （2）连锁条件不满足。 （3）控制回路继电器烧坏。 （4）操动机构故障	（1）若是控制电源丢失，运行人员可试投开关保护屏内小开关。仍无法恢复控制电源，联系检修人员处理。 （2）若是开关连锁条件不满足，则检查开关两侧隔离开关位置是否一致，检查现场控制箱内“远方—就地”选择开关是否在远方位置。 （3）若不属以上情况，应做好隔离措施，通知检修人员处理，正常后才能送电

表 3-33　　交/直流隔离开关、接地开关现场处置原则

故障情况分类	风险分析	处置原则
500kV 3/2 断路器接线交流场隔离开关分/合时卡涩、停留在半空中，刀口出现拉弧	隔离开关出现拉弧，将导致隔离开关烧损，甚至可能引起断路器爆炸	（1）未出现拉弧，则尝试进行分闸操作，无论是否成功，在问题没有得到妥善处理前，不得再进行分合闸操作。 （2）合闸操作不成功，出现拉弧，则按以下顺序执行： 1）再次合闸； 2）若不成功，分闸操作； 3）若不成功，检查操作电源及控制电源； 4）排除电源异常后，再次合闸； 5）若合闸不成功或无电源异常，则当故障隔离开关为第二组合上隔离开关时，应立即拉开第一组合上隔离开关； 6）至故障隔离开关机构箱，手按分闸继电器分闸操作； 7）若不成功，使用操作把手手动拉开故障隔离开关。 （3）分闸操作不成功，出现拉弧，则按以下顺序执行： 1）再次分闸； 2）若不成功，合闸操作； 3）若不成功，检查操作电源及控制电源； 4）排除电源异常后，再次分闸； 5）若分闸不成功或无电源异常，则当故障隔离开关为第一组拉开隔离开关时，应立即拉开未操作的第二组隔离开关； 6）至故障隔离开关机构箱，手按分闸继电器分闸操作； 7）若不成功，使用操作把手手动拉开故障隔离开关
小组交流滤波器隔离开关分/合时卡涩、停留在半空中，刀口出现拉弧	隔离开关出现拉弧，将导致隔离开关烧损，甚至可能引起开关爆炸	（1）未出现拉弧，则尝试进行分闸操作，无论是否成功，在问题没有得到妥善处理前，不得再进行分合闸操作。 （2）若出现拉弧，则按以下顺序执行： 1）再次分/合闸； 2）若不成功，合/分闸操作； 3）若不成功，检查操作电源及控制电源； 4）排除电源异常后，再次分/合闸； 5）若操作不成功或无电源异常，则考虑交流滤波器不可用导致的直流限功率情况，申请调度降功率； 6）手动断开该小组交流滤波器相邻所有小组滤波器开关及大组母线开关； 7）将大组母线操作至冷备用状态

3.5　避雷器运维管理

3.5.1　问题提出

避雷器是变电站中重要的过电压保护设备，其正常运行对变电站的安全稳定运行具有重要意义。由于避雷器内部受潮、阀片老化等因素的影响下容易发生故障或发热，严重时甚至爆炸，影响电网运行安全。针对避雷器运行状态的评估和故障的诊断，目前多基于监测数据，采用泄漏电流法、阻性电流三次谐

波法、基波法等对数据进行分析和应用。其中总泄漏电流法根据接地引线上测量到的泄漏全电流上升程度来识别故障。由于阻性电流占全电流比例较低，此法灵敏度较低，容易漏判；阻性电流三次谐波法根据接地线中各相阻性电流三次谐波之和上升程度识别故障。由于电网的谐波也会导致阻性电流三次谐波之和上升，造成误判；常规补偿法通过阻性电流大小来反映故障，但变电站工频电磁场干扰会导致阻性电流的量取误差较大。由于避雷器的劣化或潜伏性缺陷发展缓慢，单纯采用阈值来判断缺陷，很难识别出避雷器监测数据未超限值平稳增长时的异常状态。因此如何在现有技术的基础上扩展数据维度并利用智能分析算法，进一步提高避雷器缺陷判别的准确性和检修策略制订的可行，是当前亟须解决的问题。

3.5.2 研究模型和方法

在小样本缺陷数据基础上，通过朴素贝叶斯推理实现避雷器缺陷的诊断。贝叶斯提供一种在先验概率的基础上，依据每次检测获得的新证据，计算后验概率，做出新判断的方法，是一种通过人工智能学习专家经验的方法。

朴素贝叶斯分类的算法定义为：设 $X=\{a_1,a_2,\cdots,a_m\}$ 为一个待分类项，而每个 a 为 X 的一个特征量；分类集合 $C=\{y_1,y_2,\cdots,y_n\}$。统计得到各类别下各特征量的条件概率，记为 $P(x|y_i)$，则根据贝叶斯定理可知：

$$P(y_i|x)=\frac{P(x|y_i)P(y_i)}{P(x)} \tag{3-17}$$

利用朴素贝叶斯推理识别避雷器缺陷的分析流程如图 3-21 所示。

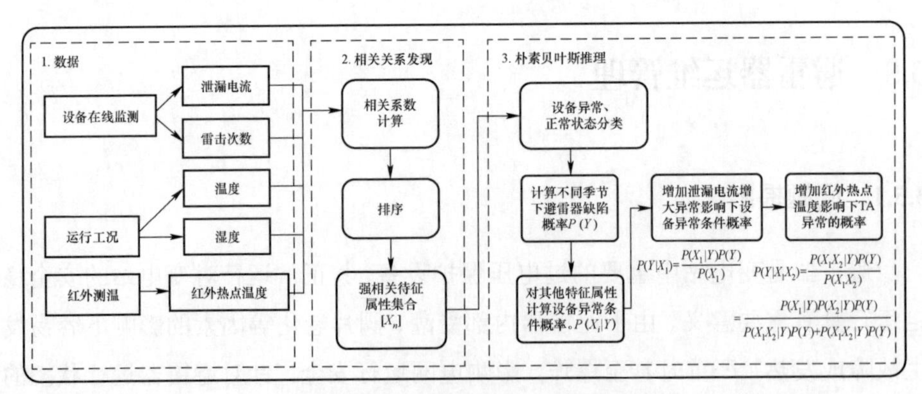

图 3-21 基于朴素贝叶斯推理的缺陷诊断

3.5.3 案例分析

统计某地区避雷器 1500 条运维数据形成样本集 D。基于历史缺陷数据，统计得到不同季节避雷器缺陷率，针对 6 月避雷器缺陷的概率为 $P(Y)=0.8\%$。

通过统计泄漏电流和热点温度特征出现的频率，计算各特征变量的条件概率 $P(X_1|Y)=30\%$，$P(X_2|Y)=70\%$。

当泄漏电流增长时，不同季节避雷器缺陷概率为

$$P(Y|X_1)=\frac{P(X_1|Y)P(Y)}{P(X_1)}=\frac{0.3\times0.008}{0.3\times0.008+0.1\times0.92}=0.025 \quad (3-18)$$

在基础上，利用红外检测发现明显热点，避雷器缺陷的概率为

$$P(Y|X_1X_2)=\frac{0.3\times0.7\times0.008}{0.3\times0.7\times0.008+0.1\times0.2\times0.92}=0.083 \quad (3-19)$$

3.5.4 运维策略

定期抄录避雷器的动作次数和泄漏电流，事故和雷雨后应进行记录。交/直流滤波器应在操作到检修状态之后抄录围栏内的避雷器读数。

避雷器压力释放装置的排气口正常时，应无电弧的烟末或痕迹，如发现有此现象，须申请停电更换。

避雷器检查一般每年一次，检查的重点是螺钉、螺母的松紧；瓷套是否脏污损坏；元件有无腐蚀；高压引线和接地线的松紧程度。

3.6 直流测量装置运维管理

3.6.1 问题提出

特高压直流输电工程中，直流测量装置为直流系统线路控制和保护提供输入信号，是每个直流输电工程换流站不可缺少的核心设备。控制保护系统通过测量装置采集到的各种模拟量和数字量进行控制保护计算，当某些测量发生较大偏差时，可能会造成保护系统满足判据而动作，影响电网正常运行。

直流测量系统采用光电混合的方式，将测量到的电信号在远端模块进行光

电转换，通过光纤将转换后的光信号输送到控制保护系统。直流测量系统包括直流电流测量和直流电压测量。直流电流测量装置安装于直流输电系统直流极母线、双十二脉动换流阀组中点母线及中性母线处，由信号采集单元、光电转换模块、光纤回路及光接收模块组成。直流电流的测量主要是通过串联到一次电流回路中的直流分流器实现的，直流分流器是一个高精度的电阻，通过测量电阻两侧的电压得到直流电流量，经光电转换模块将测量到的电信号转换为光信号，再通过光纤传送到合并单元汇总，最后由合并单元将各个测点的直流电流送至各控制保护屏柜中。其中一种有源式直流电流互感器系统结构如图 3－22 所示。一次电流传感器通常包含分流器和空心线圈。分流器工作不需外加电源，测量没有方向性，测量准确度不受外磁场影响，它串接于被测直流线路中，基于欧姆定律输出正比于被测电流的几十毫伏级电压信号，空心线圈基于电磁感应定律输出正比于谐波电流微分的电压信号，用于线路的谐波测量。这两路电压信号经高压侧调制电路调制转换为光信号后通过光纤传输至低压侧电路进行解调还原。

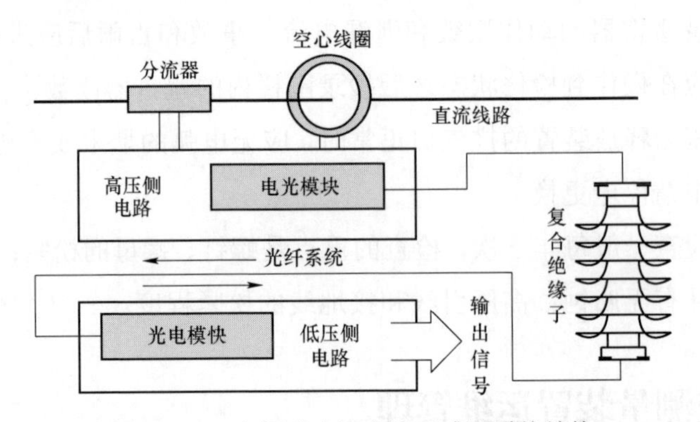

图 3－22　有源式直流电流互感器系统结构

直流电压的测量与传输和直流电流基本一致，直流电压测量系统结构如图 3－23 所示。不同之处在于直流电压是通过电压分压器采集，直流电压分压器由很多级的电阻和电容串并联组成，低压分压板是 1 个电压阻容分网络，其将分压器输出的低压信号转换为多路信号并分发给多个远端模块进行处理，且其允许多个远端模块的输入相对对立，从而确保了单个远端模块故障不会影响其他远端模块的信号测量；远端模块负责接收并处理一次分压器的输出信号，其将一次模拟量转换为数字信号后，通过数据光纤直接送至合并单元进行测量运算；合并单元主要负责接收并处理远端模块下发的数据，并将测量数据按标准协议输出供二次设备使用。

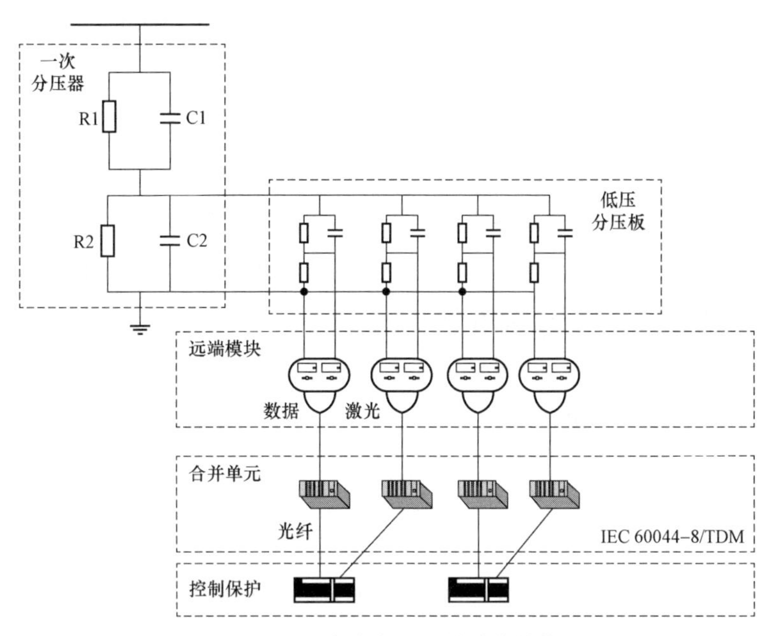

图 3－23 直流电压测量系统结构

在南方电网公司各直流输电工程实际运行中，直流测量装置存在测量偏大、信号线屏蔽失效、光纤接头损坏、远端模块及后台装置板卡损坏等故障。直流电流和电压测量情况主要通过运维人员数据监盘、合并单元异常告警等方式进行监视。但受屏柜环境温度、外部环境、光纤缺陷等因素的影响，直流测量电流和电压可能存在异常波动，且该波动会持续较长时间且变化缓慢，人工不易识别。

在上述背景下，通过分析驱动电流变化增长率、数据电平、运行工况以及同类设备的驱动电流的对比，判断直流量测数据是否存在异常。减少运维人员数据人工采集及比对，提高对设备异常前期征兆的敏感性及准确性。同时根据直流测量数据的统计生成重点运维的测量点，指导现场设备检修工作，实现从光纤全检到针对性的部分抽检的过渡。

3.6.2 研究模型和方法

针对直流测量装置异常引起的电压电流异常波动问题，选取多组合并单元

接收的测量电压和电流历史检测信息、缺陷信息进行多维度数据分析。多维度分析直流量测量异常如图 3－24 所示。纵向上利用时序趋势分析方法分析电压和电流在时间上的变化趋势，识别存在的缓慢增长情况。横向上对比同一工况下不同合并单元采集的直流电流和电压的差异性，当偏差大于一定阈值时则预警异常。结合正常检测数据和缺陷数据，利用聚类算法识别正常状态、关注状态、异常状态相对应的阈值。根据历史缺陷信息可知，测量回路故障率较高，测量回路异常时常伴有激光器驱动电流高、数据电平低告警、远端模块置检修和电流信号输出异常等现象。异常主要有采样板卡故障、光纤回路故障、远端模块故障、传感器或电阻盒故障等方面的原因。

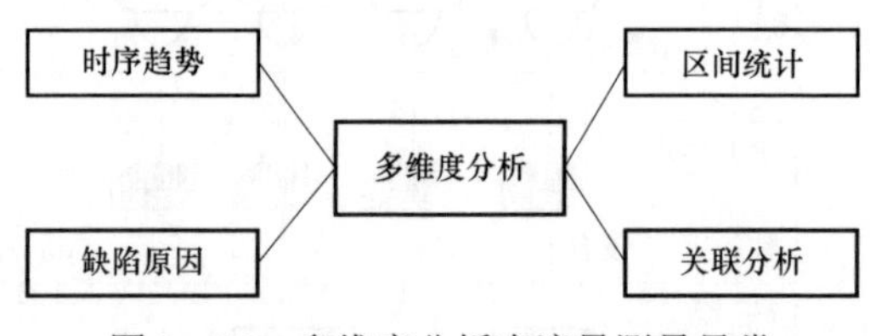

图 3－24　多维度分析直流量测量异常

3.6.3　案例分析

以检测数据为基础搭建分析预警系统，将上述统计分析算法应用到实际换流站中。直流测量状态量统计和趋势分析如图 3－25 所示。当前阈值分析时，激光器驱动电流高于 800mA 告警，高于 1200mA 远端模块置维修，置维修时远端模块 RTU6 对应测量量极 1 IdSG 失去冗余。处理远端模块时需该极功率需降低至 600MW，影响设备运行。

通过直流测量数据多维度分析发现某极 1 直流场测量 B 屏 H24 层架 RTU6（IdSG）激光器驱动电流为 703mA，接近报警值 800mA，通过时序分析，近期抄录数据分别为 684、687、690mA，呈上升趋势，预警提示。

现场对 RTU6（IdSG）测量通道对应板卡进行检查，有无异常，对光纤头进行清洁后，之后将测量通道更换至备用通道（将直流极 1 直流场测量光纤屏 B（=22Q10+Q22）内+1.H26 层架 27/28 光纤通道，更换至 29/30 光纤通道）。现 RTU6（IdSG）测量通道驱动电流、数据电平均正常。

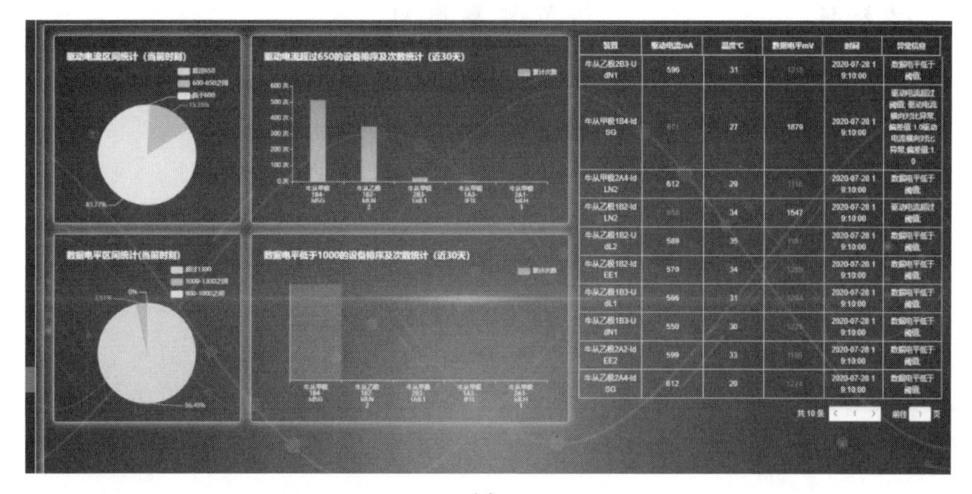

(a)

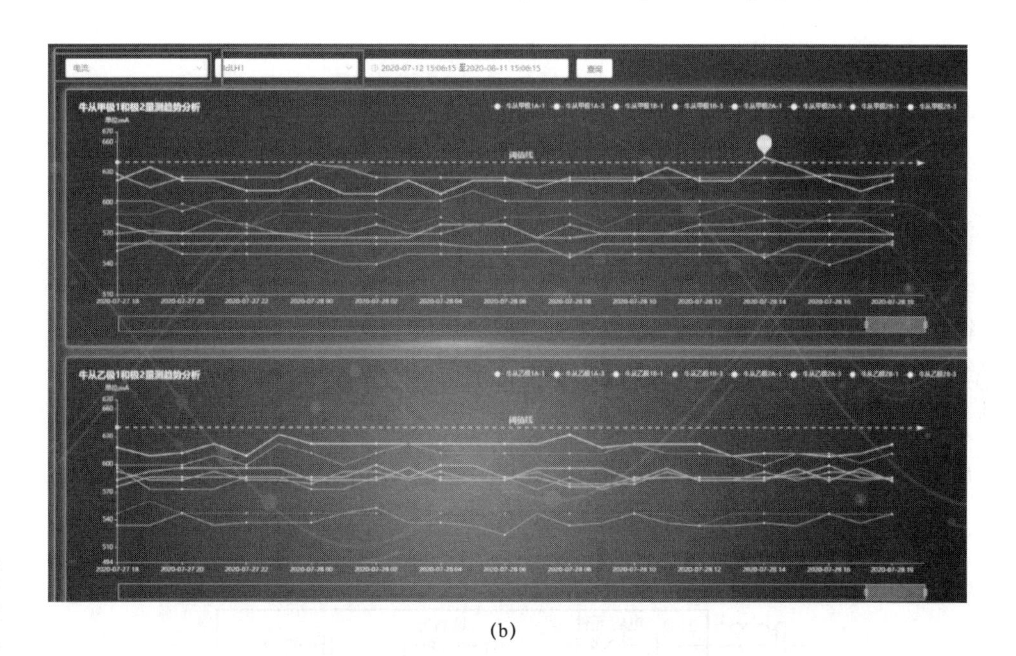

(b)

图 3－25 直流测量状态量统计和趋势分析

（a）直流测量状态量统计分析页面；（b）直流测量状态量趋势结果

3.6.4 运维策略

现场运维策略，事故处置原则如表 3－34 所示。

表 3-34　　事 故 处 置 原 则

故障情况分类	风险分析	处置原则	关键参数
直流电压波动	若逆变侧直流分压器故障，可能引起整流站直流电压升高，导致过电压保护动作或设备过压损坏	（1）优先切换控制系统。 （2）若措施无效，当波动在 1.03（标幺值）以内，则申请适当提升直流功率。 （3）若措施无效，当波动在 1.03（标幺值）～1.04（标幺值）以内，则立即申请该极降压运行，同时经站长许可后，申请尽快停运该极（阀组）。 （4）若措施无效，当波动在 1.03（标幺值）～1.054（标幺值）以内且维持 10min，或波动瞬时值超过 1.04（标幺值），则申请立即停运该极（阀组）	1.03（标幺值） 1.04（标幺值） 10min

3.7　交/直流滤波器运维管理

3.7.1　问题提出

特高压直流输电系统交流滤波器用作滤除换流装置产生的谐波，并补偿换流装置运行中吸收的无功功率。为了确保交流滤波器的安全可靠运行，通常对交流滤波器配置高压电容器不平衡保护。以 H 桥结构为例说明电容器组不平衡保护原理。电容器单元内部结构示意图如图 3-26 所示，当电容器单元内部某个电容元件发生击穿故障时，与该故障元件在同一并联段的剩余完好的电容元件向该元件放电，使与其串联的熔断器迅速熔断，从而有效地隔离故障元件。如果电容器单元内部同一并联段有多个电容元件发生击穿故障时，该并联段剩余的电容元件将承受更高的电压，极有可能引起电容器雪崩效应。

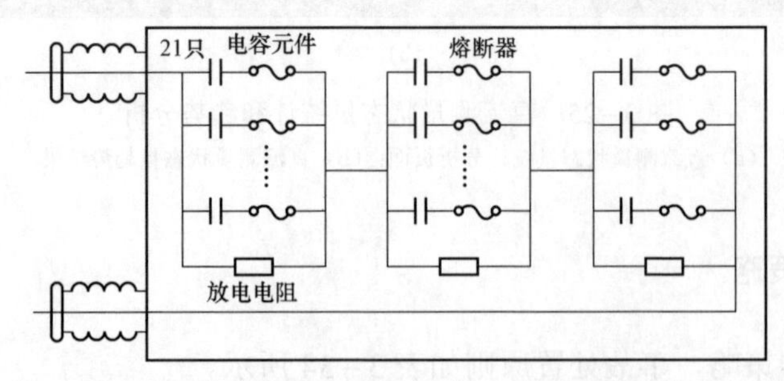

图 3-26　电容器单元内部结构示意图

当电容器单元的内部电容元件发生故障时，故障电容元件所在的桥臂电容值发生变化，破坏了桥臂电容的对称性，图 3－26 中电流互感器将测量到不平衡电流。当该不平衡电流超过整定值时，不平衡保护将切除整组电容器组。

图 3－27 是高压电容器接线方式示意图，滤波器 C1 不平衡比值偏高，电容器内部可能存在绝缘下降，若工况进一步恶化，会导致电容器 C1 比值不平衡保护动作。因此在日常运维中关注不平衡电流变化趋势，及时发现不平衡电流上升趋势，判断电容器是否发生故障，提前采取措施，避免保护动作。

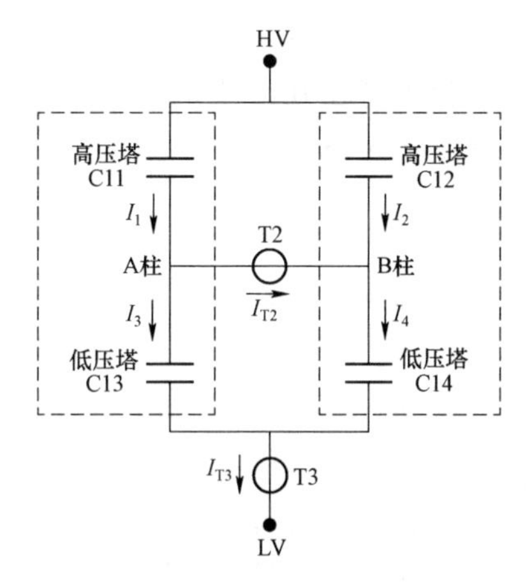

图 3－27　高压电容器接线方式示意图

3.7.2　研究模型和方法

根据 C1 电容器不平衡度的定义及 C1 电容器结构，C1 电容器不平衡度计算式为

$$C=\frac{I_{T2}}{I_{T3}}=\left|\frac{I_4-I_2}{I_{T3}}\right|=\left|\frac{\dfrac{C_{14}}{C_{13}+C_{14}}I_{T3}-\dfrac{C_{12}}{C_{11}+C_{12}}I_{T3}}{I_{T3}}\right| \tag{3-20}$$

$$=\left|\frac{C_{11}C_{14}-C_{12}C_{13}}{(C_{11}+C_{12})(C_{13}+C_{14})}\right|$$

3.7.3　案例分析

针对交流滤波器，通过分析当月 C1 不平衡电流比值与 1 段告警值的差值，

判断电容器是否存在故障；通过分析连续 3 个月 C1 不平衡电流比值的变化情况，判断电容器是否存在故障。其中 A 型交流滤波器一段告警值 0.266；B 型交流滤波器一段告警值 0.153；C 型交流滤波器一段告警值 0.151。

当月 C1 不平衡电流比值与 1 段告警值的差值小于 0.1 时，电容器可能存在故障；连续 3 个月 C1 不平衡电流比值的呈上升趋势，变化量超过 0.1 时，电容器可能存在故障。

分析 2017 年 1～11 月三种类型交流滤波器 C1 不平衡比值，如图 3－28 所示，发现 584 小组交流滤波器 A、C 相 C1 不平衡比值偏高，从 2017 年 2 月至今，C1 不平衡比值 A 相数据保持在 0.15 左右，C 相数据保持在 0.18 左右（C1 比值不平衡保护 1 段告警定值 0.322），正常情况下，584 小组交流滤波器 C1

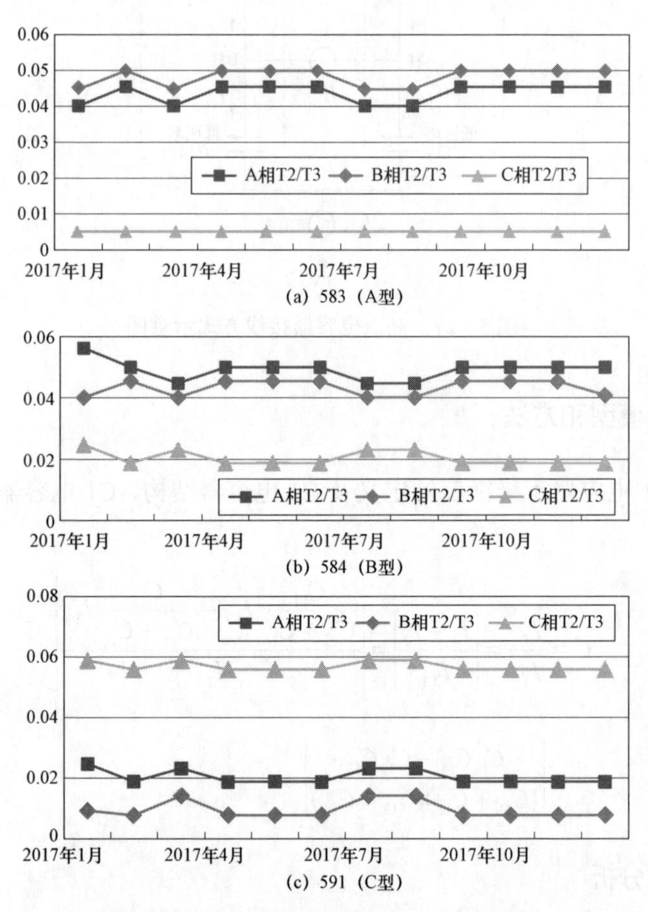

(a) 583（A型）

(b) 584（B型）

(c) 591（C型）

图 3－28　三种类型交流滤波器不平衡电流

不平衡比值均在 0.1 以下（如 584 小组交流滤波器 B 相为 0.006）。对 584 小组交流滤波器组 C 相进行单只检测，发现 C 相低压塔 B 柱第五层第 7 只和 B 柱第七层第 4 只电容器容值偏小，使用合格备品进行更换。更换完成后，按标准力矩恢复接线。测量高、低压塔桥臂平衡，不平衡度符合规范要求。

直流 C1 不平衡保护满足以下条件 100ms 时计数：abs（IFHD/IFHS）＞0.08345 IFHD=IT11－IT12，IFHD=IT11+IT12；1 段为计数 1 次，2 段为计数 2 次，1、2 段动作后果为启动告警声响、事件记录；3 段为计数达 11 次，动作后果为出口。

当直流滤波器 C1 不平衡时，IFHD/IFHS 的比值会较大。当直流滤波器 C1 不平衡电流 abs（IFHD/IFHS）大于某一定值时，运行异常，计数器计数 1 次。

3.7.4　运维策略

（1）运行中的交、直流滤波器组如发现下列现象之一，应及时向调度汇报并申请停电处理：

1）电容器严重变形或漏油；

2）绝缘子或套管出现裂纹；

3）测温时发现设备接头处及本体温度异常偏高；

4）红外测温发现电容器接头发热超过 80℃或相对温差超过 80%。

（2）运行中的交/直流滤波器，如发现下列现象之一，应立即停运该滤波器组：

1）电容器、电抗器、电阻器冒烟或着火；

2）绝缘子、套管严重破裂或闪络；

3）设备接头烧坏。

加强对交流滤波器运行状态及运行组合的监视。当交流滤波器失去冗余后，任何工况下，现场值班员应在 5min 内将再发生单一小组交流滤波器跳闸或不可用导致直流系统限功率的情况汇报值班调度员。汇报信息应包括：失去冗余的交流滤波器类型，当前直流功率，单一小组交流滤波器跳闸或不可用后直流功率限值等。电容器组常见故障及处理方法如表 3－35 所示。

表 3-35　电容器组常见故障及处理方法

故障情况	现象	处理方法
电容器内部异常	漏油、套管损伤、外壳变形或损伤、有异声、异臭、温度异常、继电保护动作、电容量异常	更换电容器
电容器极对外壳短路接地	漏油、套管损伤、异声、噪声、继电保护动作、电容量异常	清除短路接地点及闪络处或更换电容器
端子安装不牢	端子过热变色、外壳变形、异声、噪声、温度升高、电流指示异常	端子接线拧紧装牢
油量过少	漏油、油面降低、温度上升	更换电容器
性能自然老化	漏油、油面降低	更换新的电容器

3.8　直流运行关键参数监控

3.8.1　问题提出

直流测量系统作为高压直流输电系统的重要设备，对直流系统安全稳定运行起着至关重要的作用。近年来，南方电网所辖换流站多次发生直流电压测量异常的问题，严重影响了直流安全稳定运行。有必要对南瑞特高压技术路线直流电压控制策略及测量异常响应特性进行研究，提出一种快速、有效的直流电压测量异常诊断方法。

HVDC 系统的基本控制策略是：整流侧、逆变侧极控系统通过采集到的各直流测量数据后，分别经过计算得到参考值 $I_{d,ref}$、$U_{d,ref}$、γ_{ref} 的标幺值，通过总线将该值送给本极高低端阀组控制系统。整流站组控系统选择 $\Delta=\min(I_{d,ref}-I_{d,act}, U_{d,ref}-U_{d,act})$、逆变侧组控系统选择 $\Delta=\max(I_{d,ref}-I_{d,act}, U_{d,ref}-U_{d,act}, \gamma_{ref}-\gamma_{act})$ 作为调节量，经比例积分（proportional integral，PI）控制器处理后，得到触发角 α，送入阀基电子设备（VBE），转化为触发时刻并同步触发同一阀内各可控硅。

逆变侧直流电流测量异常能引起分接开关频繁调节。阀组的测量电压偏高，将导致触发角增加（熄弧角增大），触发角将可能会进入换流阀大角度监视保护的范围，阀组实际承受的电压降低，由于阀组电压控制的调节，阀组过压保护误动风险较低。阀组的测量电压偏低，将导致触发角减少（熄弧角减小），

阀组实际承受的电压增加。阀组实际承受的电压大于阀组过压保护感知的电压，并可能超过保护动作定值，阀组过压保护存在拒动风险。

直流电压测量异常下，双阀组处于不平衡运行状态，U_{dM} 波动明显，并含有大量的 12 次和 24 次谐波，并存在谐振放大风险。

直流系统单阀组运行时，由于没有高低阀组换流变压器不能相差 1 档的限制，阀组的调压能力更强，耐受偏差的能力更强。当偏差足够大时，阀组也会进入最小触发角状态（最小熄弧角状态），或者进入换流阀大角度监视保护的范围。另外，单阀组运行工况下，整流站阀组电压测量偏低时，由于逆变站控电压，且线路计算电阻限幅，不会导致阀组实际承受的电压超过阀组过压保护水平。逆变侧阀组电压测量偏低时，阀组熄弧角减小，阀组实际电压增加，会导致整流侧实际电压上升，当偏差足够大时，整流侧会进入电压控制环节防止过电压，因此阀组的实际承受电压也不会超过阀组过压保护水平。

3.8.2 研究模型和方法

目前由于直流控制系统没有设计针对高压直流分压器采样异常的判别标准，只能依靠人工监盘发现直流电压采样异常的现象。一般直流分压器采样异常导致的电压波动都会持续时间较长且变化缓慢，故障录波无法分辨，而运行人员缩减直流电压抄录频率将大大增加工作量，容易形成对于其他设备监视的盲点，且无法对备用的测量系统采样值进行监视。

直流电压测量装置测量回路如图 3－29 所示。对于电压测量偏差，在控制系统的调节作用下，会达到一个新的稳态，阀组上实际电压会与阀组的测量电压不一致。阀组电压测量偏高时，阀组的实际电压会比测量电压偏低；阀组电压测量偏低时，阀组的实际电压会比测量电压偏高，可利用上述差异来实现阀组电压测量异常的告警。

通过阀组计算电压与测量电压的差异，并结合其他阀组的变化规律来实现测量异常的告警。

阀组的计算电压，可采取阀组电压稳态计算公式

整流侧

$$U_{d1} = 2\times\left(1.35U_1\cos\alpha - \frac{3}{\pi}X_{r1}I_d\right) \tag{3-21}$$

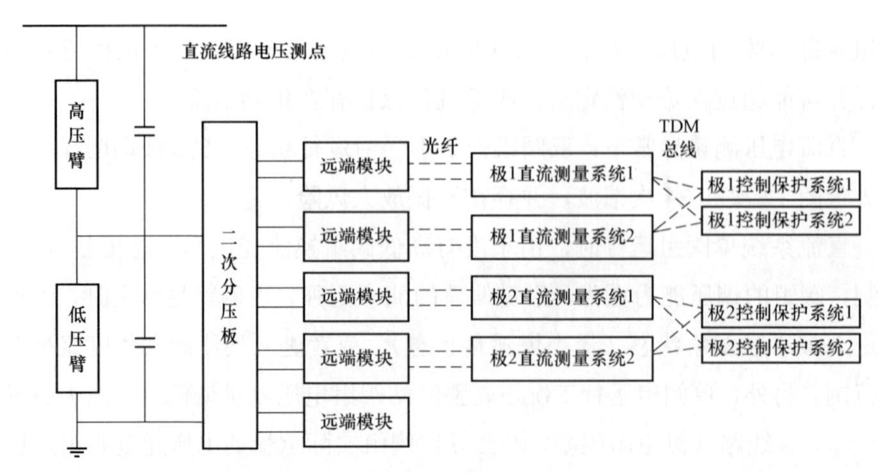

图 3－29　直流电压测量装置测量回路

逆变侧

$$U_{d2}=2\times\left(1.35U_2\cos\alpha-\frac{3}{\pi}X_{r2}I_d\right) \quad (3-22)$$

式中：U_1 和 U_2 分别为整流站和逆变站换流变压器阀侧空载电压有效值，根据母线电压和换流变压器分接头挡位计算；α 为整流站触发角；X_{r1} 和 X_{r2} 分别为整流站和逆变站换相电抗；I_d 为直流电流。

根据阀组电压稳态计算电压与实测电压的偏差来判断该阀组的电压出现测量异常。U_{d_err} 为阀组计算电压与测量电压的偏差；U_{d_cal} 为计算电压；U_{d_means} 为测量电压；高端阀组的测量电压为 $U_{dH}-U_{dM}$；低端阀组的测量电压为 $U_{dM}-U_{dN}$。

$$U_{d\_err}=U_{d\_cal}-U_{d\_means} \quad (3-23)$$

1. 逆变站 U_{dH} 测量异常仿真

通过实时数字仿真系统 RTDS 仿真计算，得到直流电压 U_{dH} 的实际值，在将 U_{dH} 通过输出板卡送至控制保护系统前，叠加一个固定值，以模拟直流电压测量异常程度。直流双极全压 5000MW 功率运行方式下，逆变站极 1 的 U_{dH} 测量异常仿真试验结果如表 3－36 所示。

表 3－36　逆变站极 1 的 U_{dH} 测量异常仿真试验结果

试验项目	逆变站（kV）				整流站 U_{dH}（kV）	控制保护告警或动作情况
	U_{dH}	U_{dM}	U_{dN}	I_{dL}		
U_{dL} 叠加 20kV 的固定值	763.6	367	0	3.141	784.5	无

续表

试验项目	逆变站（kV）				整流站 U_{dH}（kV）	控制保护告警或动作情况
	U_{dH}	U_{dM}	U_{dN}	I_{dL}		
U_{dL} 叠加 100kV 的固定值	—	—	—	—	—	极 1 高端阀组过压保护动作跳闸
U_{dL} 叠加 –20kV 的固定值	739.9	377.4	0	3.109	800.1	无
U_{dL} 叠加 –100kV 的固定值	686.2	390.2	0	3.061	824.9	告警

逆变站 U_{dH} 测量值偏大时，逆变站通过增大熄弧角来降低逆变站 U_{dH}。随着 U_{dH} 测量异常变化，（$U_{dH}-U_{dM}$）增大，极 1 高端阀组过电压保护动作跳闸。

逆变站 U_{dH} 测量值偏小时，逆变站通过减少熄弧角来提升逆变站 U_{dH}。为了维持直流电流在参考值，整流站 U_{dH} 随之升高。当逆变站 U_{di0} 上升至较高的数值时，电压应力保护 VSP 动作，禁止继续下调换流变压器分接头，逆变站的直流电压不再升高，从而使得直流系统电压稳定在某一个电压水平。

2. 逆变站 U_{dM} 测量异常仿真

逆变站极 1 的 U_{dM} 测量异常仿真试验结果如表 3 – 37 所示。

表 3 – 37　　逆变站极 1 的 U_{dM} 测量异常仿真试验结果

试验项目	逆变站（kV）				整流站 U_{dH}（kV）	控制保护告警或动作情况
	U_{dH}	U_{dM}	U_{dN}	I_{dL}		
U_{dM} 叠加 20kV 的固定值	759.5	404.7	0	3.111	799.6	无
U_{dM} 叠加 50kV 的固定值	—	—	—	—	—	极 1 低端阀组过电压保护动作跳闸
U_{dM} 叠加 –20kV 的固定值	760	347.2	0	3.108	799.9	无
U_{dM} 叠加 –50kV 的固定值	—	—	—	—	—	极 1 高端阀组过电压保护动作跳闸

U_{dM} 不作为控制量，U_{dM} 测量偏大或偏小都不会对直流系统电压造成影响。但是，当 U_{dM} 测量异常严重偏大时，（$U_{dM}-U_{dN}$）测量值增大，低端阀组过电压保护动作跳闸。同理，当 U_{dM} 测量异常严重偏小时，高端阀组过电压保护动

作跳闸。

3. 逆变站 U_{dN} 测量异常仿真

逆变站极 1 的 U_{dN} 测量异常仿真试验结果如表 3－38 所示。

表 3－38　　逆变站极 1 的 U_{dN} 测量异常仿真试验结果

试验项目	逆变站（kV）				整流站 U_{dH}（kV）	控制保护告警或动作情况
	U_{dH}	U_{dM}	U_{dN}	I_{dL}		
U_{dN} 叠加 20kV 的固定值	760	377.5	20	3.108	800.9	无
U_{dN} 叠加 50kV 的固定值	770.6	382.8	50	3.091	810.4	告警
U_{dN} 叠加－20kV 的固定值	740.1	365.8	－19.9	3.151	780.7	无
U_{dN} 叠加－50kV 的固定值	701.1	350.7	－50	3.212	751.2	告警

当逆变站 U_{dN} 测量值偏大时，逆变站 U_{dH} 升高，整流站 U_{dH} 随之升高。随着 U_{dH} 测量异常恶化，电压应力保护 VSP 动作，禁止继续下调换流变压器分接头，逆变站 U_{dH} 不再升高。

逆变站 U_{dN} 测量值偏小且变为负值时，逆变站 U_{dH} 降低。在 U_{dN} 叠加－50kV 的固定值下低端阀组不会跳闸，但若偏差进一步扩大，直流过电压保护将会动作。

整流站与逆变站各直流电压测点测量异常时，直流状态量变化特征如表 3－39 所示。

表 3－39　　直流电压测量异常时直流状态量变化特征

测点	测量异常情况	状态量变化特征	
整流站/逆变站 U_{dH}	偏高	$U_{dH}-U_{dN}>2U_{dM}$	$U_{dN}=0$
	偏低	$U_{dH}-U_{dN}<2U_{dM}$	$U_{dN}=0$
整流站/逆变站 U_{dM}	偏高	$U_{dH}-U_{dN}<2U_{dM}$	$U_{dN}=0$
	偏低	$U_{dH}-U_{dN}>2U_{dM}$	$U_{dN}=0$
整流站/逆变站 U_{dN}	偏高	$U_{dH}-U_{dN}<2U_{dM}$	$U_{dN}>0$
	偏低	$U_{dH}-U_{dN}>2U_{dM}$	$U_{dN}<0$

由表 3－39 可以看出，整流站与逆变站存在相同的响应特性。在双极运行

方式下，由于接地极接地，只有当 U_{dN} 测量异常时，U_{dN} 才会不等于 0，这可以用来检测 U_{dN} 测量异常。（$U_{dH}-U_{dN}-2U_{dM}$）可以有效辨别 U_{dH}、U_{dM} 偏高或偏低的测量异常，但是无法判断 U_{dH}、U_{dM} 哪一个测点异常，需要其他运行参数进一步识别。

交直流功率偏差是判断直流电压测量异常的有效手段。

$$P_{dc}=(U_{dH}-U_{dN})I_d \tag{3-24}$$

$$P_{ac}=P_{acv1}+P_{acv2} \tag{3-25}$$

式中：P_{acv1} 为高端阀组换流变压器一次侧交流功率；P_{acv2} 为低端阀组换流变压器一次侧交流功率。

在正常运行过程中，极直流功率 P_{dc} 与极两个阀组换流变压器一次侧交流功率的和 P_{ac} 接近。由于高端阀组与低端阀组均采用（$U_{dH}-U_{dN}$）测量值作为控制量，只有 U_{dH} 或 U_{dN} 出现测量异常时，才会使 P_{dc} 与 P_{ac} 出现偏差；而 U_{dM} 不作为控制量，测量异常时不会使 P_{dc} 与 P_{ac} 出现偏差。因此，交直流功率偏差可以作为 U_{dM} 测量异常的判据。

将直流电压测量异常时直流状态量变化特征、交直流功率偏差情况作为直流电压测量异常的诊断条件，直流电压测量异常快速诊断方法示意图如图 3-30 所示。

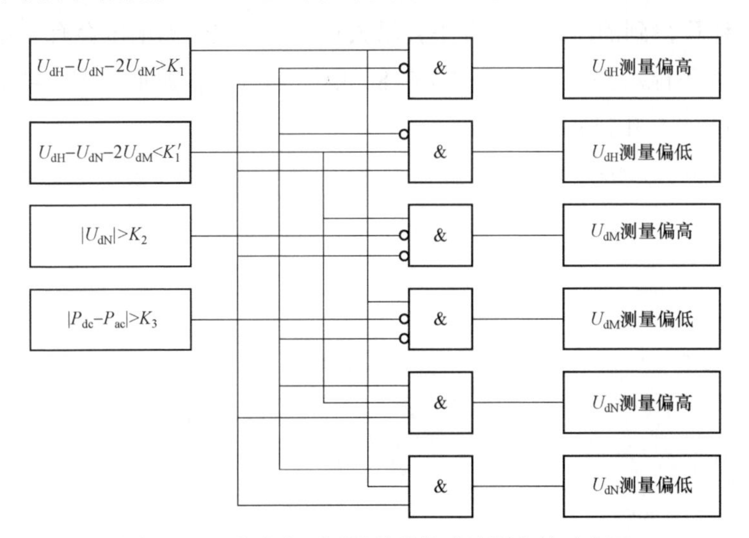

图 3-30　直流电压测量异常快速诊断方法示意图

在直流系统双极全压运行方式下，采集直流电压 U_{dH}、U_{dM} 和 U_{dN}，以及直流功率 P_{dc}、高端阀组换流变压器一次侧交流功率 P_{acv1}、低端阀组换流变压器一次侧

交流功率 P_{acv2}。K_1、K_1'、K_2、K_3 是考虑正常运行时参数偏差及误差设置的定值。

将$|U_{dN}|>K_2$作为 U_{dN} 测量异常检测的判据，并将交直流功率偏差$|P_{dc}-P_{ac}|>K_3$作为 U_{dM} 测量异常的判据；若上述条件不满足，则判断 U_{dH} 测量异常。当（$U_{dH}-U_{dN}-2U_{dM}$）$>K_1$时，判定 U_{dH} 测量偏高异常、U_{dM} 和 U_{dN} 测量偏低异常；当（$U_{dH}-U_{dN}-2U_{dM}$）$<K_1'$时，判定 U_{dH} 测量偏低异常、U_{dM} 和 U_{dN} 测量偏高异常。

正常运行过程中，（$U_{dH}-U_{dN}-2U_{dM}$）最大不超过±5kV，考虑到一定的裕度，K_1 可设置为 10kV，K_1'可设置为－10kV。U_{dN} 正常时为 0kV，因此 K_2 可设置为 0.5kV；$|P_{dc}-P_{ac}|$正常时最大不超过 18MW，K_3 可设置为 20MW。

3.8.3 案例分析

某换流站极 1 直流电压出现测量异常事件，8 月 7 日 0:00～8:00，直流功率维持在 1800MW。第一阶段：0:00～8:00，直流功率维持在 1800MW 左右。由于某换流站 U_{dH} 测量偏高，计算的线路电阻会达到上限，逆变侧的电压控制参考值会减少用以维持整流侧端间电压为 800kV（双极模式下，U_{dN} 几乎为零），逆变侧高低端阀组会增加熄弧角以降低直流电压。但由于计算电阻在极控程序中限幅，计算得到的线路压降并不会增大特别多，逆变侧电压会有一定的幅度下降，但并不能将整流侧电压控制在 800kV，极 1 U_{dH} 波形如图 3－31 所示，U_{dH} 从 800kV 上升到 815kV。

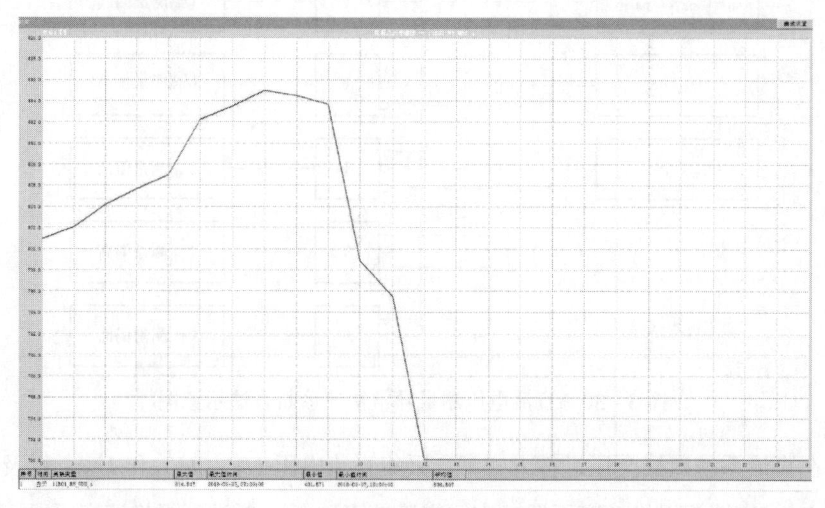

图 3－31　极 1 U_{dH} 波形

对于某换流站极 1 的高端阀组和低端阀组，由于电压偏差未达到 2%电压裕度，高低阀组仍处于定电流控制模式。高端阀组的测量电压偏高，在双阀组电压平衡控制的作用下，低端阀组也会分担较高的直流电压，如图 3－31 和图 3－32 中 U_{dH} 和 U_{dM} 波形，可以看到 U_{dH} 在升高期间，U_{dM} 按同样的变化趋势升高，确保高低阀组电压平衡。高端阀组会增加触发角以减少直流电压，低端阀组会降低触发角以增加直流电压，极 1 高端阀组触发角、极 1 低端阀组触发角如图 3－33 和图 3－34 所示。

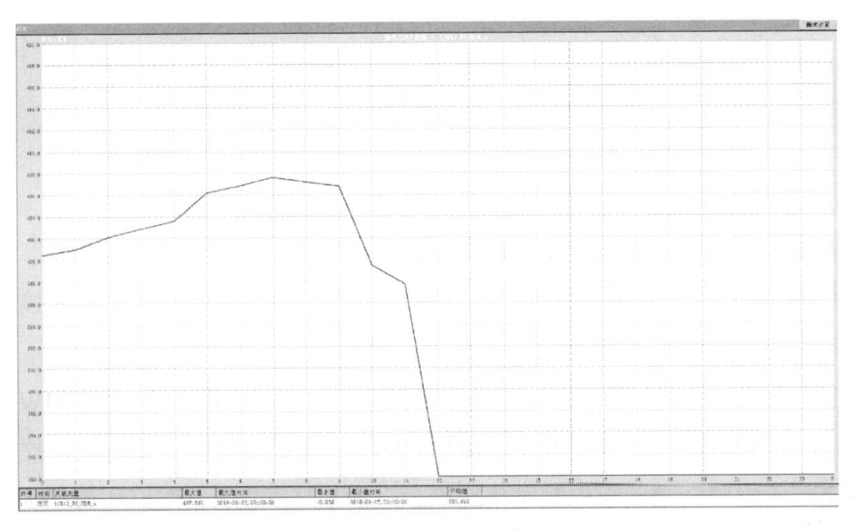

图 3－32　极 1U_{dM} 波形

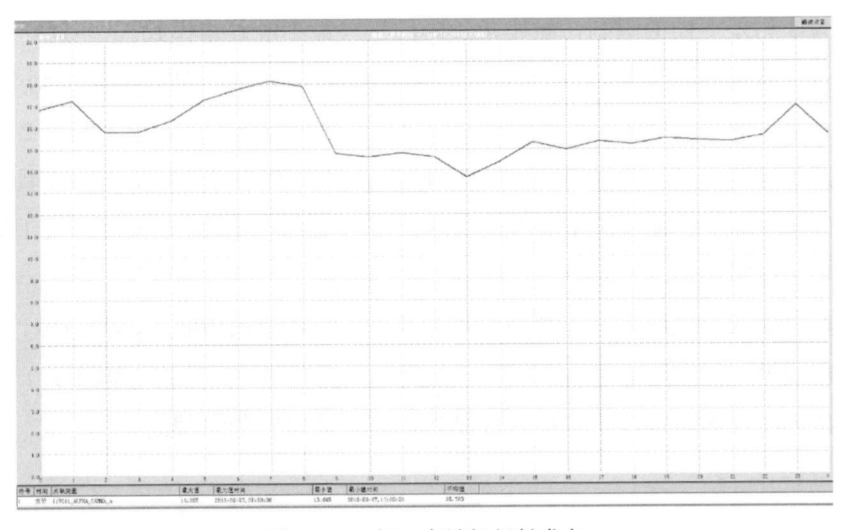

图 3－33　极 1 高端阀组触发角

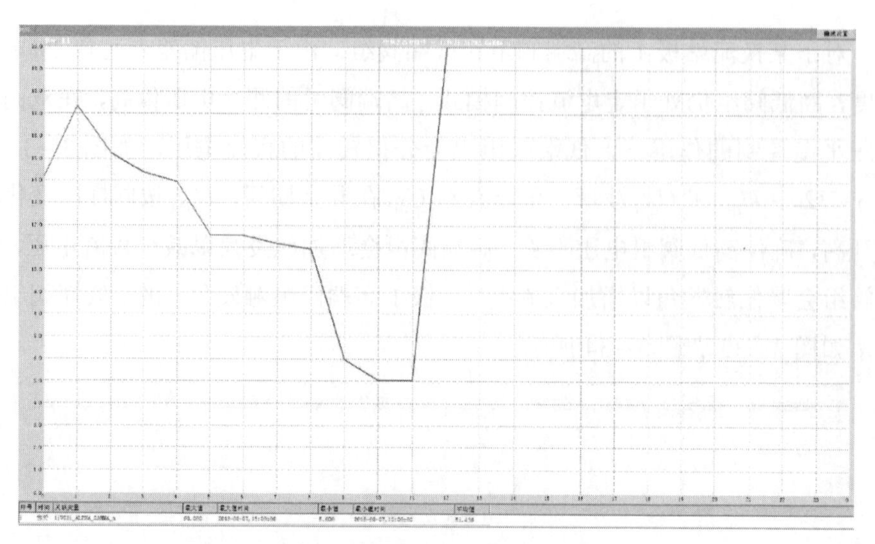

图 3－34　极 1 低端阀组触发角

在 8:00 时，整流侧低端阀组的触发角已下降到 11°，低于触发角范围[12.7，17.3]，但由于高低端阀组分接头挡位只能相差一档，导致低端阀组分接头挡位不能降低，导致低端阀组触发角不在正常范围。

第二阶段：8:00～9:50，直流功率开始由 1800MW 爬升至 3750MW。直流功率上升阶段，电流参考值逐渐增加。整流侧高低端阀组处于定电流控制模式，高端阀组和低端阀组的触发角均减少来满足功率上升。线路压降增大，逆变侧的电压会进一步降低电压。低端阀组的触发角降低至 5° 后，由于高低阀组的只能相差一档的限制，触发角长时间进入最小触发角模式。

极 1 和极 2 对比来看，由于整流侧 U_{dH} 测量偏高，计算线路电阻达到上限，线路计算压降比实际大。因此逆变站的电压参考值降低。由于极 1 和极 2 的实际线路压降差不多，因此普洱站极 1 的实际电压比极 2 低，测量电压要看测量偏差的多少。由于某换流站极 1 的实际电压低很多，因此，某换流站极 1 的分接头挡位比极 2 高。

直流电压测量异常的事件是二次分压板单个通道的电阻元器件故障，还均是备用通道，备用通道电阻的损坏（前两次电阻开路，后一次电阻变大）增大了二次分压板的阻抗，导致接入控制保护系统通道的测量偏高。

4

换流站智能运维工作展望

本章重点分析换流站智能运维工作状况，包括高压直流输电智能运维技术需求、建设推进策略以及智能化应用建设。详细描述了智能化巡视和装备、智能录播分析技术、数字孪生技术、建设推进策略的原则和智能化方向以及设备状态评价、虚拟检修等智能化应用建设。

4.1 高压直流输电智能运维技术需求

早期的机器学习技术在输变电设备运维检修领域已开展多年，以深度学习为代表的新兴人工智能技术则在数据、算法、算力都显著提升的契机下，为解决电力业务问题提供了新的思路和方法。

4.1.1 智能化巡视和装备

利用机器人与后端高性能平台交互，综合利用直升机、机器人、无人机和遥感卫星等，构建三维全景模型，基于视觉 SLAM 技术，优化巡检路径和重点排查区域。

采用多模态信息检测技术，实现多传感器信息融合，根据采集的输变电设备与线路数据，形成特征及缺陷样本库。

建立设备缺陷辨识模型，利用深度学习技术，准确识别输变电设备缺陷和输电通道潜在风险，建立智能化立体巡检体系。智能化立体巡检体系如图 4-1

所示。

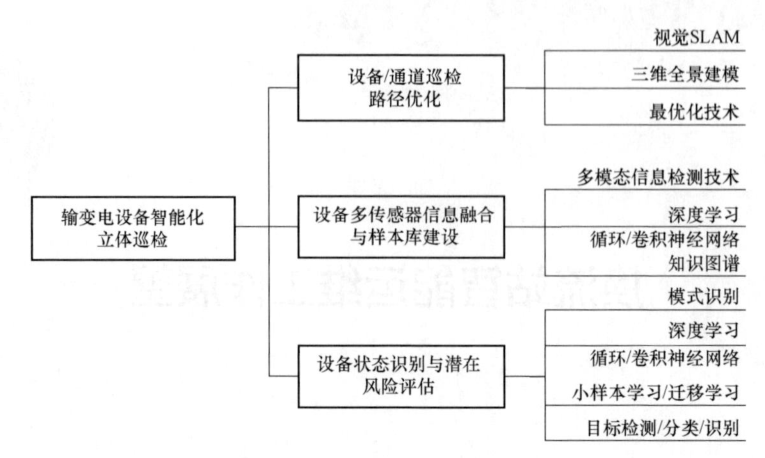

图 4-1　智能化立体巡检体系

在独立于后端高性能平台的智能前端，开发智能硬件，搭建于智能开发平台，实现机载小型化智能硬件嵌入，实现智能机械臂装备与应用，提升边缘端机器人、无人机个体面向设备运维的环境自适应性和自主化、智能化水平。基于边缘端智能化水平提升的综合巡检与作业如图 4-2 所示。

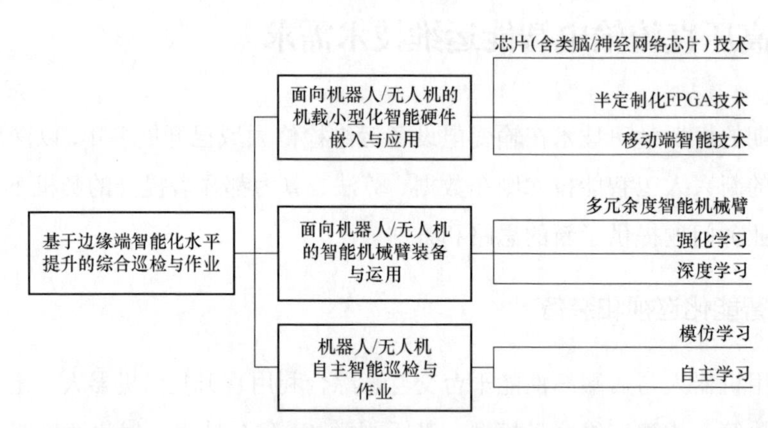

图 4-2　基于边缘端智能化水平提升的综合巡检与作业

基于群体智能理论和强化激励机制，提高机器人/无人机等智能载体面向复杂环境的智能感知、快速响应等自适应能力与面向设备巡检与作业的任务规划、实时交互等任务协同能力。基于群体智能的协同巡检与作业如图 4-3 所示。

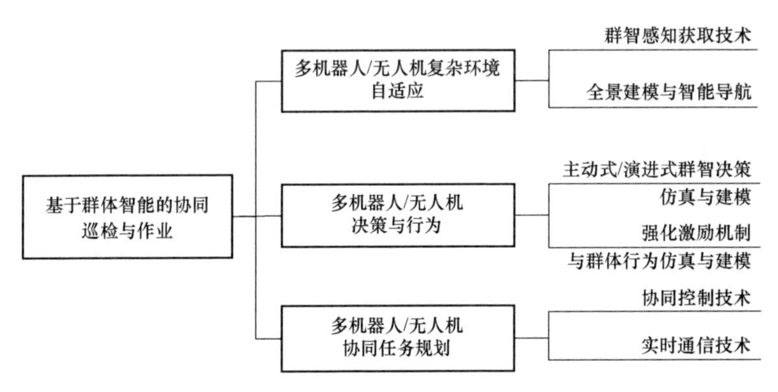

图 4-3 基于群体智能的协同巡检与作业

建设智能图像视频处理平台，构建支持多机、多 GPU、数据并行、模型并行等大规模训练方法，研制异构实时计算引擎，搭建深度学习研发框架，提供视频、图像的收集、标注和分析等功能，实现视频、图像的智能识别、分析、检测，提供统一的视频图像处理基础服务，支持高端硬件设备、板卡、芯片的集成运用，支撑适用于电网领域的智能视频图像处理基础理论与核心算法的前沿研究。智能图像视频处理平台如图 4-4 所示。

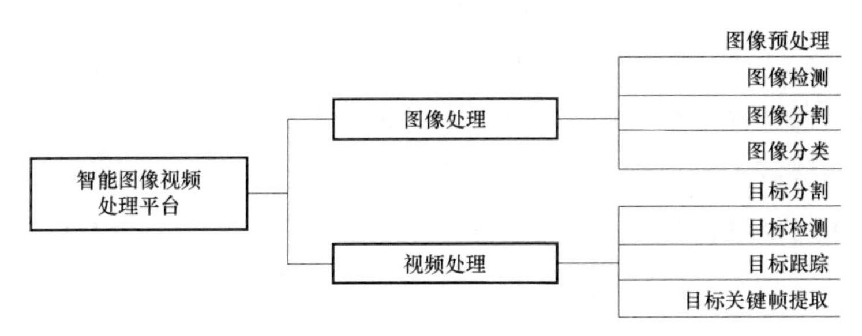

图 4-4 智能图像视频处理平台

4.1.2 智能录波分析技术

随着保信系统、SCADA、管理信息系统、地理信息系统以及雷电、气象等系统的广泛建设和应用，通过各种方式采集的不同来源的结构化、半结构化以及非结构化的电力业务数据资源激增，如何利用大数据技术，实现保护运行分析和电网业务应用有效利用多源信息，扩展对海量数据的处理能力，提升数据信息挖掘技术的整体水平，是进一步提升设备运行决策水平的关键。

对于简单故障，目前保信系统的故障归档功能已比较完善，能够较好地收集相关保护动作信息及录波数据，但对于复杂故障的分析则有些力不从心。从故障数据的分析着手，发现一次设备，尤其是断路器的隐患还主要是通过个人经验。南方电网规模结构复杂、运行难度大，交、直流并列运行问题突出。当前“八交八直”的格局下，一、二次各专业都从优化控制策略、提高运维水平等各方面着手，采取各种措施以确保故障快速切除、确保电网安全稳定运行。影响设备性能的因素显然是复杂的，其作用规律大多也是难以明确描述的，因此传统的机理分析方法（基于解析模型）在此有着难以逾越的局限性，采用数据驱动方法展开研究是有效的方法。从系统运行的角度考察继电保护运行分析，必然需要全面的电力系统基础数据与运行数据。

在一次设备性能分析中，以往主要基于静态信息（系统稳态运行的状态量），但随着各类二次系统如录波装置等的普及应用，动态信息（系统暂态运行的状态量）成为更具价值的数据源。如故障引起保护和断路器动作时，将会在 SOE 系统及保护信息系统的保护动作事件中记录，一次系统电气量及二次通道信息的变化都会反映在录波文件中。可以将多源信息划分为保护动作间隔二次信息、间隔一次信息、站域信息及广域信息四个层次。保护动作智能分析正是在大数据下利用多级信息对保护的动作正确性给出智能评价。二次分析的关键数据源是录波波形数据，对于波形分析的需求包含：

（1）故障波形特征挖掘，设计基于故障波形的故障特征量集合。

（2）实现故障波形输入后能够自动计算故障特征量，自动根据故障特征量报表格式要求填写故障特征量数据，作为后续大数据价值挖掘的基础数据。

（3）具备生成的故障特征量数据与一次设备衔接的功能。

为扩展数据源，应进一步研究基于波形扫描的特征量扩展建模方法，除了提取基础特征量，还能提取反映一次设备运行状态的电气特征量，实现波形中所包含信息的深化扩展建模，实现非结构化波形数据的结构化处理，使大数据平台相关应用的信息扩展建模和关联建模具备了条件。常规换流站的智能录波器典型物理结构如图 4－5 所示。

4.1.3 数字孪生技术

数字孪生是充分利用物理模型、传感器更新、运行历史等数据，集成多学科、多物理量、多尺度、多概率的仿真过程，在虚拟空间中完成映射，从而反

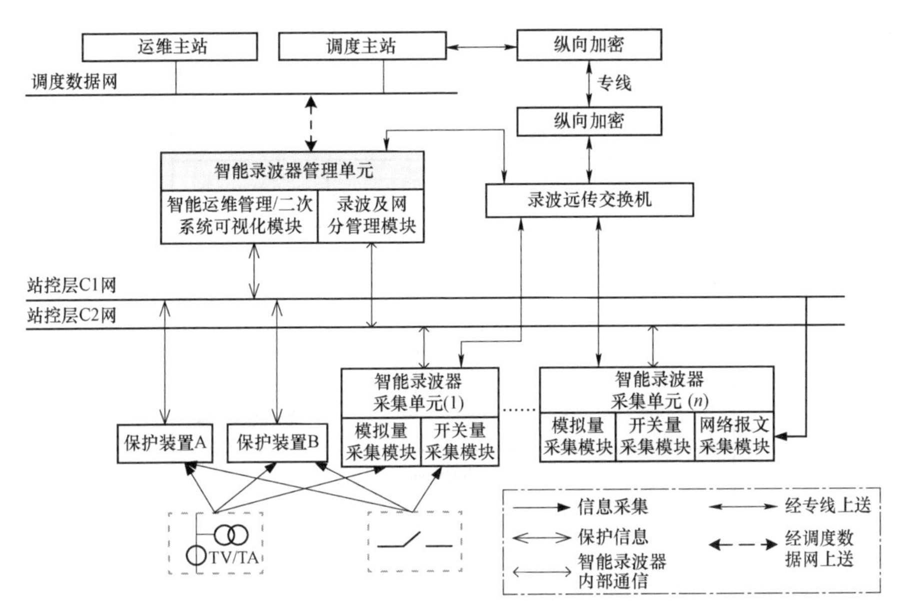

图 4－5　常规换流站的智能录波器典型物理结构

映相对应的实体装备的全生命周期过程。数字孪生具有以下典型特征：① 高保真性：数字世界从本体构成、形态行为、运行规则等多维度、多角度、多属性上对物理世界进行全息复制。② 可扩展性：数字模型可根据数字世界自我推演或者物理世界形态变化进行拆解、集成、复制、修改、删除等操作。③ 互操作性：数字模型与物理世界都具备标准接口和规范定义，不同数学模型之间，不同物理终端之间、数学模型与物理终端都可以进行信息交互。

在智能控制、感知建模、信息通信等数字技术群体性演变的背景下，电网数字化转型是智能电网建设的必由之路，数字电网是电网在数据规模、质量以及智能化程度发展到质变临界点时的产物，也是最终实现电网高度智能化的前提。数字电网是由物理电网、孪生电网和支撑技术共同构成的电网生态系统，数字电网示意图如图 4－6 所示。数字电网以海量可信数据为基础，依托智能传感、泛在物联、大数据、智能化控制、人工智能，利用数字孪生和感知建模理论，构建与物理电网同构匹配的孪生电网。孪生电网是物理电网通过数字孪生技术进行全要素数字化后形成的虚拟镜像，有利于将电网复杂能量信息耦合运行关系分解成可解析、可模拟、可计算的数学关系，在实现物理电网实时运营状态的可视化的同时，进一步多尺度时空推演优化结果，确定物理实体优化轨迹锚点，及时纠偏调整，智能化管理运营物理电网，变革电网作业模式、企业管理流程和企业组织结构。

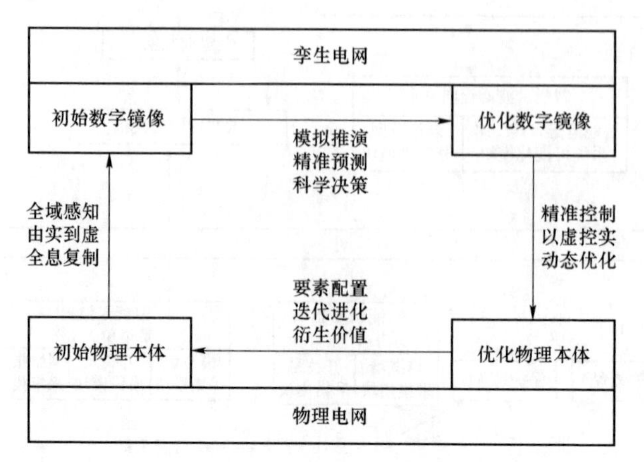

图 4-6　数字电网示意图

将电网规划建设、调度运行、客户服务、物资管理、故障抢修、防灾减灾等业务场景完成虚拟场景映射，全面集成和融合各场景规律识别、前瞻预判和规划决策功能，构建电网运行态势感知、趋势研判、动态呈现、预警规避等功能于一体的数字电网管理平台、客户服务平台、调度运行平台、企业级运营管控平台，将自学习、自优化功能融入电网管理过程之中，助力实现电网资源配置自动优化和自动导航，实现数字化运营管理。基于数据中台数据资源、强大运算能力、业务抽象映射技术以及可视化技术，实现数字电网的动态呈现和直观展示，应用空间信息流展示技术、历史流展示技术以及交互操作技术，实现数字电网的立体导览、虚拟漫游、空间量测、方案模拟，将数字电网的状态具象化、形象化。对电网内的能源要素、数据要素进行重组融合，整合多品相能源产业链，敏捷响应外部客户，提供综合能源服务。用全覆盖、深感知的能源块数据，提供不能颗粒度不同维度的数据增值服务，构建数字能源生态。盘活数字资源，对外提供信托、保险、股权融资，构建数字金融业，扩展数字经济。

4.2　建设推进策略

4.2.1　原则

目前人工智能技术的应用落地仍然面临着诸多困难，在变电站智能化建设

方面需要因地制宜、循序渐进、分步推进，在生产运行模式变更上要同步配合跟进，逐步实现智能技术应用的落地实施。在建设推进过程，需遵循以下几条原则：

（1）智能技术建设要简洁、可靠，目标明确可实现，可提升设备数字化、智慧化水平，实现快速提高工作效率、提升生产效益的技术，均可采纳应用。

（2）新建变电站，按照智能技术应用的功能配置要求，实现功能一步到位，运行模式同步变更。

（3）存量变电站，有条件进行全面改造的，则一步到位在功能上实现智能生产；不具备一步到位条件的，可结合不同业务，根据具体情况，按照策略要求，分步实施改造；同时针对经评估认为成熟成效的技术路线也可有针对性的全面开展局部重点改造，解决突出问题，实现工作效率和生产效益的提升；运行模式跟随技术发展改造阶段同步变更。

（4）各类设备状态监测类技术的推广应用，按照“需求导向、技术成熟、应用有效、创新引领”的原则，根据技术成熟度的不同，实现全面应用、部分应用以及试点应用建设。

（5）运行模式的管理变更要充分利用现有的机构组织，业务融合相通的专业工作，为保证人员管理的连贯性，应划归到一个中心机构统一负责；专业班组设置要与业务设置相对应，确保在充分利用人力资源的前提下，应用智能技术的各类专项工作能全覆盖。

（6）智能技术应用要守好安全底线，确保在极端情况下（如全部网络中断等），仍能保证变电站基本的生产供电服务。

（7）智能技术建设推进过程中要保证网络安全。

4.2.2 智能化方向

（1）智能巡视。智能巡视是指通过覆盖全站的搭载不同载体的智能终端，自动识别设备外观、表计、缺陷及内外部异常等巡视关注信息，利用大数据分析及人工智能技术集中管控终端、自动判别推送异常结果、追溯巡视过程、获取历史巡视情况等，最终实现现场无人化的智能机器巡视目标，实现变电站内

100%巡视无人化。

（2）智能操作。智能操作是实现变电站内设备的全部远程操作，实现变电站内现场操作无人化，实现变电站内全部自动程序控制操作；实现变电站内智能终端的远程集中控制操作。

（3）智能安全。智能安全全局内嵌，风险管控一线贯穿。智能安全与智能运维、智能操作和变电站信息模型有机互联、信息互通和互为反馈，融入生产作业的各个环节，实现风险管控的一线贯穿，以智能安全替代传统管控模式，尽量避免人为和管理层面的介入，在设备层面完成风险管控，最终实现本质安全。

（4）运行支持系统。实现变电运行基础运维业务的智能替代，以友好、高效的人机交互界面，支持智能变电站智能巡视、智能操作、智能安防等功能，支撑提质增效的总体目标。

变电运行支持系统作为智能变电站的运维管控工具，现阶段暂不设置相应的业务应用；在过渡阶段考虑在巡维中心建立变电运行支持系统，对下辖各站现有智能装备进行统一接入，经系统处理后的数据、分析结果直接上送到物联网平台和监控中心；最终阶段是全部变电站数据的集中接入变电运行支持系统，供维保人员日常工作使用，监控中心在有需要时使用。

（5）智能网关——物联网。实现新一代智能变电站的智能终端设备统一接入、即插即用，防止变电站在智能技术应用推广过程中，安装的大量智能终端设备出现接入协议不一、设备无法互联互通、终端与系统捆绑、烟囱式架构、信息壁垒、数据碎片化、业务应用无法协同和接入方式存在严重安全风险等问题，实现智能终端设备互联互通和数据共享，实现智能变电站全息化、全联接、全感知，实现多源数据融合，数据交换和共享，为变电站的精益化管控、智慧运行奠定基础。

智能网关作为智能变电站的运维管控网络连接工具，在未来，主要由专业的中心机构负责相应的维护及应用。

4.3 智能化应用建设

探索基于人工智能的设备运行模式。随着一系列信息闭环的构建，设备运行分析有效样本将不断积累，换流站设备运维管控力度将不断加大，大数据和智能化设备运行的效益将不断提升。在此基础上，以保障电网安全为总目标，立足于服务运行维护，进一步深化理论研究和技术创新，逐步实现设备运维分析由人工分析向数据驱动、自动分析发展；运维决策从依据孤立信息决策向依据多源信息决策转变；运行模式从事后分析、被动防护向事前预警，主动预测、预判、预防延伸。

4.3.1 故障智能预测、辨识及控制

利用大数据分析及深度学习技术，结合电网故障预测概率模型、故障判据库、智能控制策略库，实现交直流混联电网运行故障预测、辨识和智能控制，交直流混联电网运行故障预测、辨识和智能控制框架如图 4－7 所示。

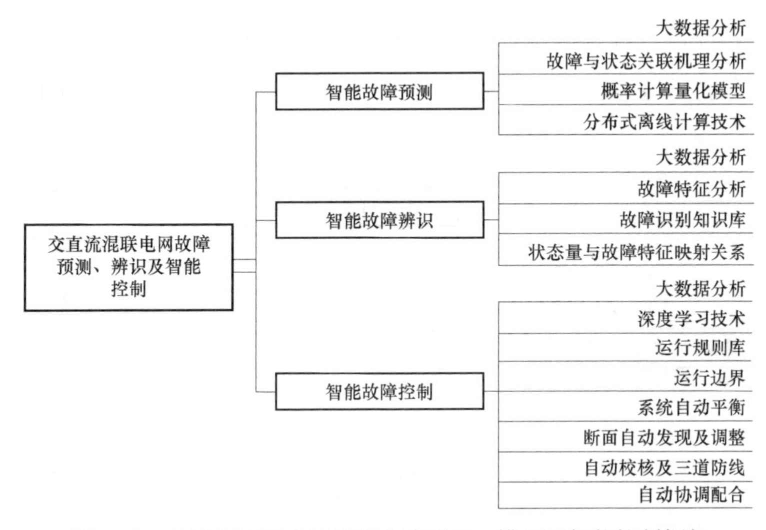

图 4－7 交直流混联电网运行故障预测、辨识和智能控制框架

4.3.2 设备状态评价

开展设备状态实时自动监测，实现设备资产数据分析与状态关键参数提取，对设备健康状况进行全方位、多视角评价与风险预警，实现设备故障智能研判、准确定位与主动预警，提高设备运检效率与辅助决策能力，提升资产全生命周期管理水平。设备状态综合评价与决策分析框架如图 4－8 所示。

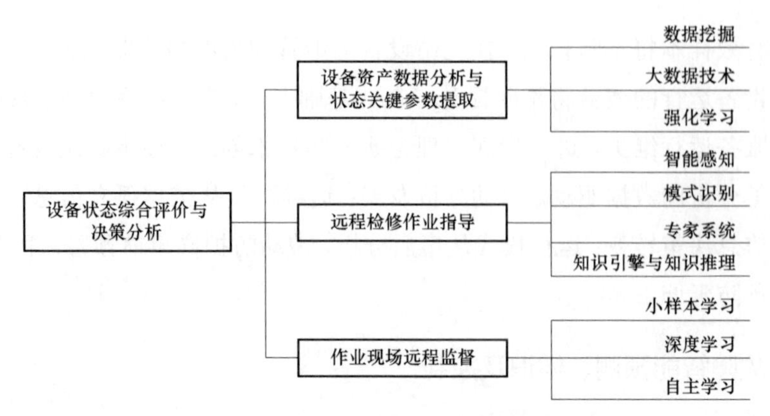

图 4－8　设备状态综合评价与决策分析框架

4.3.3　设备虚拟检修

利用智能仿真和虚拟现实、增强现实技术，搭配智能可穿戴设备，为输变电设备检修提供过程预演仿真、对象辅助识别，确保设备检修工作有序、高效开展，提升现场检修辅助决策能力。输变电设备虚拟检修框架如图 4－9 所示。

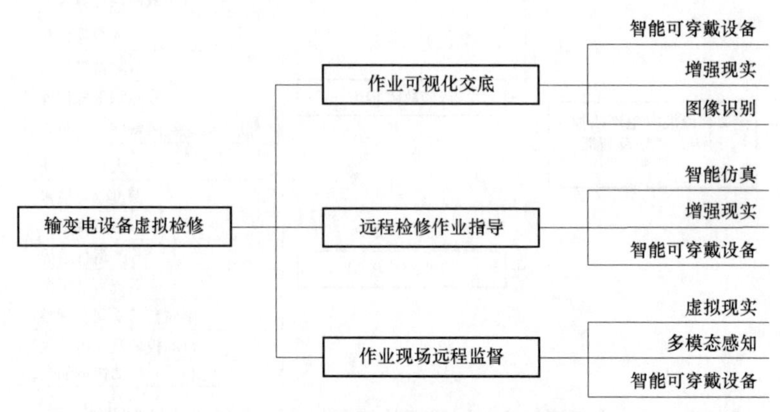

图 4－9　输变电设备虚拟检修框架

4.3.4　作业安全智能监控

综合利用图像识别、电子围栏、智能穿戴、高精度定位等技术，实现作业现场/区域人员准入控制、作业安全管控与危险行为分析；配合情感分析，识别人员健康状况，降低事故风险；建设风险作业识别库，结合现场作业情况分析结果，及时发现隐患并自动预警，提升现场作业安全管理水平。现场作业安

全监控与智能预警框架如图 4－10 所示。

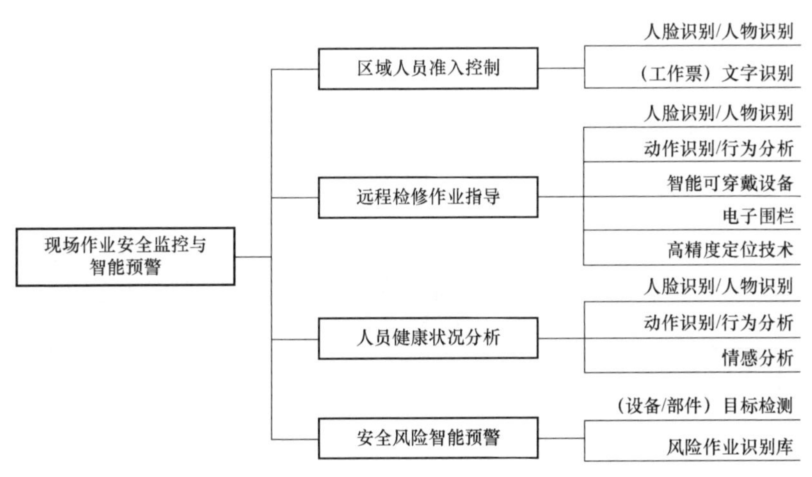

图 4－10　现场作业安全监控与智能预警框架

4.3.5　智能辅助安全作业

通过机器人、无人机等智能载体对图像、语音识别和高精度定位等技术的前端集成与应用，对人员作业指令进行精确感知与快速响应，利用搭载的智能机械臂实现辅助作业操作，同时支持现场辅助作业监护，提升现场安全作业水平。现场安全作业框架如图 4－11 所示。

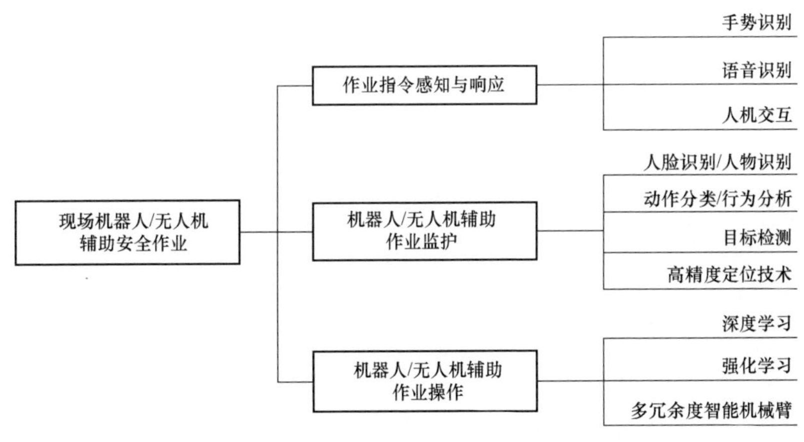

图 4－11　现场安全作业框架

4.3.6 智能虚拟遥操作

在变电站、线路等安全要求高的场所，利用多传感器融合、多模态感知与虚拟现实技术，提高作业人员临场感，构建电力作业机器人虚拟遥操作与人机交互能力，实现远程遥控机器人完成现场巡检或带电作业，降低人员现场作业风险。机器人的虚拟遥控操作框架如图 4－12 所示。

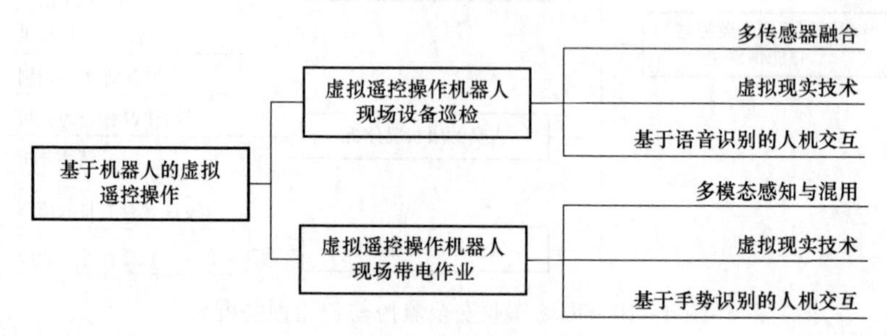

图 4－12　机器人的虚拟遥控操作框架

参 考 文 献

［1］ 中国南方电网超高压输电公司. 换流站主设备状态监测与配置［M］. 北京：中国电力出版社，2016.

［2］ 蒲天骄，乔骥，韩笑，等. 人工智能技术在电力设备运维检修中的研究及应用［J］. 高电压技术，2020，46（2）：369－383.

［3］ 王刘旺，周自强，林龙，等. 人工智能在变电站运维管理中的应用综述［J］. 高电压技术，2020，46（1）：1－13.

［4］ 彭红霞，文艳，王磊，等. 基于两层知识架构的电力设备差异化运维技术［J］. 高压电器，2019，55（7）：221－226.

［5］ 白浩，周长城，袁智勇，等. 基于数字孪生的数字电网展望和思考［J］. 南方电网技术，2020，14（8）：18－24.

［6］ 任众楷. 基于全景数据系统的特高压直流换流站设备监控方案［D］. 青岛：青岛大学，2016.

［7］ 张艳，马毅. 高压直流电流测量装置的应用现状与研究进展［J］. 电测与仪表，2014，51（11）：32－39.

［8］ 国网四川检修公司特高压交直流运检中心. 德阳换流站：换流站运维管理［M］. 成都：西南交通大学出版社，2016.

［9］ 廖毅，罗炜，蒋峰伟，等. 基于 LSTM 的阀冷系统入水温度及冷却裕度预测［J］. 山东大学学报（工学版），2021，51（4）：124－130.

［10］ 廖毅，罗炜，蒋峰伟，等. 换流阀冷却能力多维度分析与预警模型［J］. 南方电网技术，2020，14（7）：1－9.

［11］ 洪乐洲，江一，翁洪志，等. 换流站阀冷系统设计缺陷与改进措施［J］. 南方电网技术，2013，7（1）：44－46.

［12］ SZÉKELY G J，RIZZO M L，BAKIROV N K. Measuring and testing dependence by correlation of distances［J］. Annals of Statistics，2007，35（6）：2769－2794.

[13] 周春阳，李亚锦，刘英男，等. 基于贝叶斯推理和多传感器信息融合的换流变缺陷分类算法研究 [J]. 变压器，2020，57（11）：15-20.

[14] 王宏伟，张利民，姜建平，等. 特高压站避雷器泄漏电流在线监测和分析系统[J]. 电瓷避雷器，2019（6）：67-72.